Prácticas de Pomología

Prácticas de Pomología

Ricardo Fernández Escobar

UCOPress
Editorial Universidad de Córdoba

Prácticas de Pomología – Córdoba: UCOPress. Editorial Universidad de Córdoba, 2024
20,5 x 28 cm, 200 pp., il. color
THEMA: TV
  Ricardo Fernández Escobar

PRÁCTICAS DE POMOLOGÍA
© Ricardo Fernández Escobar, Dpto. de Agronomía, Escuela Técnica Superior de Ingeniería
  Agronómica y de Montes
© Ilustración de cubierta: María Fernández Bravo

© Edita: UCOPress. Editorial Universidad de Córdoba, 2024
        Campus de Rabanales. Ctra. Nacional IV, Km 396 · 14071 Córdoba (España)
        Tlf. +34 957 212 165
        https://ucopress.uco.es · ucopress@uco.es

ISBN: 978-84-9927-826-1
eISBN: 978-84-9927-827-8
DL: CO 1540-2024

Impresión: Podiprint

Impreso en papel ecológico

Esta editorial es miembro de la UNE, lo que garantiza la difusión y comercialización de sus publicaciones a nivel nacional e internacional.

Índice

Prólogo

La Pomología se define en el *Diccionario de la lengua española* como *"Parte de la agricultura que trata de los frutos comestibles"*. El *Diccionario de Ciencias Hortícolas*, de la Sociedad Española de Ciencias Hortícolas, la define como *"La ciencia y la práctica del cultivo de plantas que producen frutas"*, en definitiva, parte de la agricultura que trata del cultivo de árboles y arbustos frutales, similar a la definición de Fruticultura de este diccionario, por lo que pueden considerarse términos sinónimos. El mismo significado tiene Arboricultura Frutal y Cultivos Leñosos, nombres también usados para definir este campo de conocimiento.

Entre los objetivos de la Pomología se encuentran: el conocimiento del árbol frutal; el conocimiento del medio de cultivo; las técnicas de cultivo de los árboles frutales; el conocimiento del material vegetal; y la mejora y propagación del material vegetal. Estos son los contenidos que, normalmente, configuran las asignaturas relacionadas con esta parte de la agricultura. El componente práctico de estas materias es importante y para adquirir una formación integral se requiere dedicar buena parte del tiempo a su práctica. Por ello, desde los inicios del autor en la docencia de la Pomología en la Universidad de Córdoba, se ha contado con un campo de prácticas, al inicio en terrenos generosamente cedidos por el actual Instituto Andaluz de Investigación y Formación Agraria, Pesquera, Alimentaria y de la Producción Ecológica (IFAPA) y, en la actualidad, en terrenos propios del Campus de Rabanales. Para el desarrollo de las clases prácticas de Pomología, se fueron elaborando algunos guiones para facilitar a los alumnos su realización y para indicar el trabajo que deben realizar. Con el paso del tiempo, los guiones de prácticas fueron completando el programa previsto, y se han ido enriqueciendo con figuras, fotografías y mejora de los textos, hasta quedar completados en la actualidad. Los alumnos de la Universidad de Córdoba disponen desde comienzos del curso académico de estos guiones y, actualmente, la Editorial de la Universidad de Córdoba (UCOPress) los ha publicado en este formato.

Los guiones de cada práctica incluyen una introducción sobre el tema, bibliografía citada o recomendable, la metodología a seguir, y detalles sobre la realización de la misma, que incluye la parte a realizar por los alumnos y, en la mayoría de ellos, unas definiciones de términos o cuestiones relacionadas con el tema de la práctica, que los alumnos deben completar. Todas las prácticas se han realizado en alguna ocasión, pero es evidente que la realización de algunas de ellas depende de la oportunidad o del tiempo disponible, pero la mayoría se realizan en cada curso académico en la Universidad de Córdoba. Aunque algunas de ellas no puedan realizarse en cada curso académico, se han incluido porque la introducción a las prácticas sirve a modo de apuntes sobre algunos temas del programa teórico, y las respuestas a las cuestiones planteadas en cada práctica ayuda a los alumnos a preparar mejor la asignatura.

En esta publicación se incluyen prácticas sobre el reconocimiento de las especies frutales más importantes, tanto durante el periodo vegetativo como durante el reposo invernal, particularmente en las especies de hoja caduca; prácticas relacionadas con la fenología, en particular la observación de la floración, la maduración de los frutos, la incidencia de plagas y enfermedades o las necesidades de frío para la salida del reposo; práctica de propagación que, según las disponibilidades de tiempo, incluyen tanto la propagación por estaquillado leñoso como semileñoso; prácticas de poda de los principales sistemas de formación, así como de plantación, cuando hay ocasión, o de aclareo de frutos; prácticas de gabinete, en concreto la planificación y diseño de una plantación frutal y el establecimiento del plan anual de fertilización, con datos que se proporcionan a los alumnos; y, en función de las posibilidades, la visita a una plantación comercial, a veces en colaboración con las prácticas de otras asignaturas.

Es evidente que una obra como esta, desarrollada a lo largo de muchos años, no es solo fruto de un mismo autor. Por ello, quiero mostrar mi agradecimiento, en primer lugar, al profesor Germán Gómez Valledor que, durante muchos años, hasta su jubilación, ha participado muy activamente en el desarrollo de estas prácticas y en el de algunos guiones que aquí se presentan. También quiero agradecer a D. Mariano Cambra, de la Estación Experimental de Aula Dei en Zaragoza, fallecido ya hace varios años, la generosidad que tuvo en cedernos unos magníficos dibujos sobre organografía y poda de árboles frutales para poner a disposición de nuestros alumnos, durante unas conferencias que impartió sobre estos temas. Y, por supuesto, a la doctora María Fernández Bravo por su disposición para realizar la magnífica portada de esta publicación.

Espero que esta publicación pueda ser de utilidad a los alumnos de estas materias, aunque no tengan la oportunidad de realizar todas y cada una de las prácticas que aquí se recogen, pero, al menos, les sirvan para una mejor preparación de sus asignaturas y una consulta continua para los que, en el futuro, puedan desarrollar su labor profesional en estos temas.

Ricardo Fernández Escobar

Reconocimiento de especies frutales en periodo vegetativo

Introducción

En la vida cotidiana estamos habituados a reconocer o diferenciar objetos entre un conjunto con características comunes. Así, por ejemplo, parece fácil distinguir un modelo determinado de automóvil dentro de un grupo amplio de los existentes en nuestro entorno. La dificultad puede aparecer cuando pretendemos explicar las diferencias que existen entre uno y otro.

Las especies frutales también son fácilmente identificables por aquellas personas habituadas a ellas. También estas personas tendrán mayor dificultad en describir y enumerar los caracteres discriminantes que en reconocerlas globalmente. Esto sugiere la existencia de un proceso de abstracción en el que se seleccionan, de forma inconsciente, las características que las identifican.

Conforme a esto, parece más intuitivo distinguir globalmente entre formas completas que hacerlo a través de un análisis comparativo y detallado; no obstante, el primer procedimiento resulta bastante subjetivo y, por lo tanto, difícil de generalizar y transferir a otras personas.

En esta práctica se comenzará a nivel de detalle, avanzando hasta llegar a lo general. El procedimiento tiene la ventaja de ser sistemático y asimilable por aquellas personas todavía ajenas a los frutales. A los ya conocedores les ayudará a profundizar en los pormenores de la organografía, útiles en trabajos de pomología más avanzados.

Realización

Se completarán los estadillos adjuntos para las especies que se asignen, siguiendo el método descriptivo que se expone a continuación. Este no pretende ser exhaustivo sino más bien una mera indicación de procedimiento; muchas características, como por ejemplo el aroma típico de las hojas de algunas especies, no se han incluido, pero pueden ser útiles a la hora de identificar, aunque es fácil que se mezclen los aromas si se repite el procedimiento en varias especies. El método queda abierto para ser completado según el criterio de cada cual, teniendo siempre en cuenta que los caracteres elegidos deben ser consistentes y las descripciones homogéneas y precisas.

Realizadas las descripciones se procederá a la elaboración de una clave mediante la que puedan determinarse todas las especies. Se verificará la clave (ejercitándose al mismo tiempo) con múltiples muestras de diversa procedencia hasta conseguir al final identificar las muestras *de visu* de forma inmediata. Sería conveniente practicar a lo largo de todo el curso para familiarizarse con todos los estados vegetativos que vayan acaeciendo.

Como complemento, se proponen otros ejercicios encaminados a fijar criterios y refrescar algunos conceptos.

En los anexos a esta práctica se incluyen fotografías de algunos términos que se definen a continuación y de hojas y brotes de las principales especies frutales.

Brotes y ramos

Los brotes son tallos en pleno desarrollo, de consistencia herbácea, aún no lignificados. Los ramos son los mismos brotes, una vez lignificados y en reposo vegetativo. En la práctica de "Organografía de Especies Frutales" se detallan más estos conceptos.

Disposición de las hojas:
- Alternas. En la mayoría de las especies.
- Opuestas decusadas. En el olivo, granado.
- Casos particulares. En la vid, la disposición de las hojas es alterna y en oposición a ellas puede aparecer un zarcillo o un racimo. En chirimoyo, aparentemente dística.

Indumento de la epidermis:
- Glabra. En albaricoquero, melocotonero, ciruelo europeo y otros.
- Pubescente. En manzano, membrillero y otros.
- Hirsuta. En frambueso, actinidia.

La pubescencia de la epidermis desaparece progresivamente con la edad. Por ello, debe considerarse la zona distal de los brotes.

Lenticelas:
- Apariencia: Conspicuas, inconspicuas.
- Cantidad: Escasas, abundantes.
- Descripción: Prominentes, lisas, color, forma.

Sección transversal del brote:
- Circular o elíptica. En la mayoría de las especies.
- Cuadrangular. Olivo, en zona distal joven.
- Irregular. En los agrios, la zona distal tiene sección estrellada o irregular.

Espinosidad:
- Ausencia o presencia.
- Definir abundancia y tamaño.

El granado, azufaifo, acerolo y muchos cítricos muestran espinosidad en distinta gradación, mientras que en otras especies están ausentes por completo. Sin embargo, el carácter puede ser muy variable y aparecer sobre ramos vigorosos en especies que normalmente no los tienen (peral). Por otro lado, durante el período juvenil, la espinosidad es más frecuente.

Color del tallo:
- Color y tonalidad: Describir.
- Distribución: Homogénea, sectorial, teselada.

En los ramos más o menos inclinados u horizontales, puede ocurrir que el sector iluminado por sol directo tenga una coloración netamente distinta de aquel que recibe luz difusa por estar orientado hacia abajo. Es muy característico, por ejemplo, en melocotonero y en almendro.

Coloración del ápice:
- Coloración de la porción distal (sumidad), distinta del resto del brote.
- Coloración distal más o menos igual al resto del brote.

En algunas especies, las nuevas hojas en desarrollo presentan coloración distinta del resto: morado en limonero, rojizo en albaricoquero, etc.

Hojas

Las hojas de la base de los brotes pueden mostrar caracteres no típicos de la especie e, igualmente, las de la zona distal que aún no se han expandido completamente. Por lo tanto, deben tomarse aquéllas de la zona media como las más características.

Tipo:
- Clase: Simple, compuesta imparipinnada, paripinnada, trifoliada.
- Número medio de foliolos (en hojas compuestas).

Forma del limbo:
- Elíptica, ovoidal, oblonga, lanceolada, palmeada, otras.

Tamaño:
- Grande. En níspero, higuera, otros.
- Mediana. En manzano, almendro, otros.
- Pequeña. En olivo, granado, otros.

Deben evitarse valores absolutos en unidades de medida por su gran variabilidad debida a las condiciones del medio y el genotipo.

Disposición de los nervios:
- Tipo: Palmeada, pinnada.
- Relieve o prominencia en el haz y en el envés.

Ápice del limbo:
- Agudo, obtuso, redondeado, truncado, acuminado.

Base del limbo:
- Obtusa, escotada, cuneiforme auriculada.

Margen:
- Dentado. Ciruelo japonés.
- Festoneado. Cidro.
- Aserrado. Pacanero, cerezo.
- Doble aserrado: Avellano.
- Lobulado. Acerolo, Maracuyá.
- Entero. Granado.

Indumento:
- Adaxial (haz): glabro, pubescente.
- Abaxial (envés): glabro, pubescente. Describir si la pubescencia es extendida o localizada   en los ángulos de las nerviaciones.

Color y brillo:
- Definir en el haz y envés.

Inserción:
- Tipo: Peciolada, sésil, subsésil.
- Estípulas: presencia o ausencia, forma y tamaño, duración o persistencia.
- Longitud relativa del peciolo (peciolo/limbo): $\leq 1/3$, $1/3$-$1/2$, $>1/2$
- Alas: presencia, forma y tamaño. En algunas especies de cítricos, el peciolo es alado y este es un carácter útil en la identificación de las mismas.
- Articulación: presencia, ausencia. En la inserción del limbo con el peciolo, puede existir una sutura y entonces se dice que es articulado. En la mayoría de los cítricos.
- Coloración del peciolo si es diferencial: albaricoquero, por ejemplo.
- Raquis (en hojas compuestas): circular, alado, acanalado.

Nectarios foliares:
- Ausentes, presentes.
- Definir forma y abundancia.

En los frutales de hueso aparecen en la base del limbo o en el peciolo glándulas secretoras de líquidos azucarados (nectarios), cuyo significado biológico no es bien conocido.

Ramas y tronco

Las ramas constituyen la estructura de soporte para los brotes y ramos. Están formadas por madera de varios años. El tronco es el eje principal del árbol sobre el que se insertan las ramas.

Color de la corteza:
- Describir.

Lenticelas:
- Persistencia en madera vieja.
- Apariencia y cantidad.
- Descripción.

Ritidoma:
- Aspecto: Homogéneo, en placas irregulares (teselas).
- Forma y tamaño de las teselas: Anulares, longitudinales, irregulares.

Bibliografía

Ceballos, L. y Ruiz de la Torre, J. 1979. Árboles y arbustos de la España peninsular. E.T.S.I.M. Madrid.

Font Quer, P. 2001. *Diccionario de Botánica* (2ª ed.). Ediciones Península, Barcelona. 1.244 pp.

López González, G. 2007. Guía de los árboles y arbustos de la Península Ibérica. Mundi-Prensa, Madrid.

López Lillo, A. y Sánchez de Lorenzo, J.M. 2001. *Árboles en España. Manual de identificación.* Mundi-Prensa, Madrid.

Sociedad Española de Ciencias Hortícolas. 1999. *Diccionario de Ciencias Hortícolas.* Mundi-Prensa, Madrid.

1) Definir los términos siguientes

Alternas (hojas):

Brácteas:

Decusado:

Estípulas:

Glabro:

Lenticelas:

Nectario:

Raquis:

2) Elaborar una clave de determinación para las especies objeto de la práctica

	ESPECIE			
BROTES				
Color: brote y sumidad				
Disposición de las hojas				
Indumento				
Lenticelas				
Sección transversal				
Espinosidad				
HOJAS				
Tipo y tamaño				
Forma del limbo o foliolos				
Color y brillo				
Indumento				
Nerviación				
Margen				
Ápice				
Base				
Inserción y estípulas				
Longitud del peciolo				
Coloración y forma del peciolo				
Alas y articulación				
Nectarios				
RAMAS-TRONCO				
Color de la corteza				
Lenticelas				
Ritidoma				
OTROS CARACTERES				
	ESPECIE			

	ESPECIE			
BROTES				
Color: brote y sumidad				
Disposición de las hojas				
Indumento				
Lenticelas				
Sección transversal				
Espinosidad				
HOJAS				
Tipo y tamaño				
Forma del limbo o foliolos				
Color y brillo				
Indumento				
Nerviación				
Margen				
Ápice				
Base				
Inserción y estípulas				
Longitud del peciolo				
Coloración y forma del peciolo				
Alas y articulación				
Nectarios				
RAMAS-TRONCO				
Color de la corteza				
Lenticelas				
Ritidoma				
OTROS CARACTERES				

	ESPECIE			
BROTES				
Color: brote y sumidad				
Disposición de las hojas				
Indumento				
Lenticelas				
Sección transversal				
Espinosidad				
HOJAS				
Tipo y tamaño				
Forma del limbo o foliolos				
Color y brillo				
Indumento				
Nerviación				
Margen				
Ápice				
Base				
Inserción y estípulas				
Longitud del peciolo				
Coloración y forma del peciolo				
Alas y articulación				
Nectarios				
RAMAS-TRONCO				
Color de la corteza				
Lenticelas				
Ritidoma				
OTROS CARACTERES				

	ESPECIE			
BROTES				
Color: brote y sumidad				
Disposición de las hojas				
Indumento				
Lenticelas				
Sección transversal				
Espinosidad				
HOJAS				
Tipo y tamaño				
Forma del limbo o foliolos				
Color y brillo				
Indumento				
Nerviación				
Margen				
Ápice				
Base				
Inserción y estípulas				
Longitud del peciolo				
Coloración y forma del peciolo				
Alas y articulación				
Nectarios				
RAMAS-TRONCO				
Color de la corteza				
Lenticelas				
Ritidoma				
OTROS CARACTERES				

ANEXO I. Frutales caducifolios

Nomenclatura

Presencia de nectarios (*Frutales de hueso*)

Cerezo

Albaricoquero

Color del tallo del año

Bicolor

Uniforme

Almendro

Ciruelo europeo

Indumento de la epidermis

Pubescente

Glabro

Membrillero

Peral

Lenticelas

Albaricoquero

Cerezo

Tipo de hoja

Simple

Cerezo

Compuesta imparipinnada

Nogal

Otras características

Membrillero

Albaricoquero

Frutales de hueso

Albaricoquero

Ciruelo europeo

Ciruelo japonés

Frutales de hueso (cont.)

Almendro

Melocotonero

Cerezo

Frutales de pepita

Manzano

Membrillero

Peral

Frutos secos

Nogal

Pistachero

ANEXO II. Cítricos

Nomenclatura

Hoja simple (Pomelo):

Hoja trifoliada (Citrange Troyer):

Hojas de cítricos

Alas grandes:

Naranjo amargo

Pomelo

Alas pequeñas o rudimentarias:

Naranjo dulce

Mandarino

Sin alas:

Limonero

Sin alas ni articulación:

Cidro

Descripcion de frutos

Introducción

El objetivo principal de los cultivos es obtener productos comercializables que pueden proceder de distintos órganos o estructuras de la planta: raíces, tallos, hojas, yemas, flores, inflorescencias, etc. En fruticultura, el objetivo principal es la producción de frutos.

En la botánica clásica se definía el fruto como "el pistilo fecundado y maduro". Sin embargo, desde el punto de vista de la horticultura hay que hacer dos objeciones: 1) algunos frutos pueden desarrollarse sin existencia previa de fecundación; 2) en ocasiones, el fruto comercializable consta de tejidos anexos distintos de los propios del pistilo. Parece más conveniente considerar el fruto como la flor o inflorescencia con sus tejidos anejos en estado de madurez.

La misión del fruto es doble: por un lado, protege mediante los tejidos del pericarpio a los embriones en desarrollo y, por otro, contribuye en la dispersión de las semillas, cooperando, en ocasiones de forma muy específica, con los vectores naturales. Esta última función es la que confiere mayor especialización y, por lo tanto, diversidad.

En las Angiospermas, tras los procesos de fecundación, las paredes del ovario se transforman en un pericarpo de estructura variable que rodea a los embriones en desarrollo hasta llegar a la madurez. En un fruto típico los demás verticilos florales desaparecen durante el proceso, pero, en muchos casos, alguno de estos u otras estructuras anejas se desarrollan en gran medida formando parte del futuro fruto. Por ejemplo, en el anacardo, el pedúnculo floral en la madurez constituye la parte más desarrollada del fruto; en el moral y la morera el cáliz de cada flor se desarrolla ampliamente rodeando los aquenios que se han formado a partir del pistilo, dando lugar a una infrutescencia muy carnosa.

De esta manera, se observa que los tejidos que constituyen un fruto tienen tres orígenes. El ovario dará lugar al *pericarpo* con tres tejidos fundamentales: *epicarpo*, que es la "piel" de muchos frutos; *mesocarpo*, que es la pulpa de los frutos carnosos; y *endocarpo*, que, en algunos frutos como las drupas, es leñoso constituyendo el "hueso" (Fig. 1). El cáliz, tálamo, pedúnculo y brácteas pueden desarrollarse para constituir tejidos anejos de importancia. Los primordios seminales evolucionarán para dar lugar a las semillas, que constan de embrión, endospermo, cubiertas seminales y, ocasionalmente, un arilo.

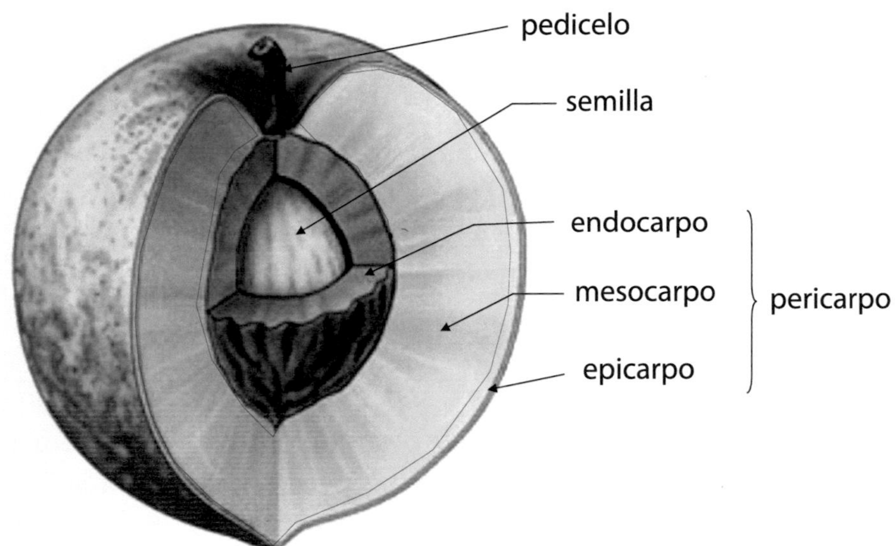

Fig. 1. Morfología y principales tejidos de un fruto típico como la drupa.

En general, las *flores hipoginas*, aquellas en las que los verticilos accesorios y estambres se insertan en el receptáculo por debajo del ovario, darán lugar a frutos típicos (acompañados o no de tejidos complementarios procedentes de estructuras externas, cáliz, brácteas), mientras que las *flores epiginas*, aquellas en las que los verticilos accesorios y estambres se insertan en el receptáculo por encima del ovario dando lugar a un ovario ínfero, desarrollan frecuentemente tejidos más o menos carnosos anejos al ovario, dando lugar a frutos complejos.

Para clasificar los frutos podemos considerar tres tipos principales. El primero, *frutos simples*, está constituido por aquellos que proceden de un solo ovario, mono o pluricarpelar, como las drupas y las bayas. El segundo, *frutos agregados* o compuestos, evolucionan a partir de una única flor, pero con múltiples carpelos apocárpicos cada uno de los cuales da lugar a un frutito, constituyendo todos ellos una sola unidad como en la frambuesa y la zarzamora. El tercero, f*rutos múltiples* o sincárpicos, proceden de una inflorescencia cuyos ovarios en madurez se muestran concrescentes en una unidad, como en los higos y las moras.

En los frutos agregados cada uno de los elementos individuales se describen de igual forma que los frutos simples, mientras que en los frutos múltiples la complejidad producida por la sincarpia hace difícil, frecuentemente, la identificación de los tejidos fundamentales, por lo que conviene una descripción particularizada en cada caso.

Cuando se alcanza la madurez los frutos pueden deshidratarse en gran medida, denominándose *frutos secos*, o pueden permanecer jugosos, denominándose *frutos carnosos*. Los primeros pueden presentar mecanismos espontáneos de apertura para liberar sus semillas, *frutos dehiscentes*, o pueden permanecer cerrados dependiendo su liberación de factores posteriores, *frutos indehiscentes*. Los frutos carnosos generalmente son indehiscentes.

En esta práctica se pretende que el alumno se familiarice con los conceptos botánicos y pomológicos del fruto; la diversidad de tipos de frutos; y el reconocimiento de los distintos frutos propios de la asignatura, identificando los tejidos que intervienen y la capacidad de aprovechamiento de cada uno de estos.

Bibliografía

Font Quer, P. 2001. *Diccionario de Botánica* (2ª ed.). Ediciones Península, Barcelona.

Invernón, V.R., de la Estrella González, M., López Nieto, E., Arnelas Seco, I., Devesa Alcaraz, J.A. 2012. *Manual de laboratorio de Botánica. El fruto. Reduca (Biología).* Serie Botánica, 5(2): 1-14.

Sociedad Española de Ciencias Hortícolas. 1999. *Diccionario de Ciencias Hortícolas.* Mundi-Prensa, Madrid.

Strasburger, E., Sitte, P. y otros. 1994. *Tratado de Botánica.* Omega, Barcelona.

Práctica

Se realizará una proyección explicativa de diapositivas mostrando la evolución desde la flor hasta el fruto maduro en las distintas especies, incluyendo secciones de los mismos que muestren los distintos tejidos y estructuras. Posteriormente, el alumno debe completar los siguientes ejercicios:

1) Realizar una breve descripción de cada uno de los frutos siguientes indicando el tipo de fruto, los tejidos que intervienen y cuales son objeto de aprovechamiento.

Aceituna

Albaricoque

Almendra

Castaña

Cereza

Ciruela

Coco

Frambuesa

Granada

Kaki

Kiwi

Manzana

Melocotón

Membrillo

Mandarina, Naranja

Níspero

Nuez

Pera

Pistacho

Plátano

Uva

2) Definir los siguientes términos

Albedo

Apirenia

Arilo

Carpelo

Endospermo

Flavedo

Infrutescencia

Pericarpo

Sarcocarpo

Sincárpico

3) Realizar una clasificación de los frutos vistos en la práctica, indicando los criterios que definen a cada clase y citando ejemplos.

Organografía de especies frutales

Introducción

La parte aérea de las plantas superiores está constituida por dos órganos fundamentales, el tallo y las hojas. La morfología de estas últimas se ha descrito en una práctica anterior y ha sido de utilidad para la identificación de especies durante el período vegetativo. En esta práctica nos detendremos en el estudio de los tallos durante el período de reposo y completará la descripción que se efectuó de los mismos mientras estaban en vegetación activa.

En un tallo, durante el período de reposo, podemos distinguir a lo largo de la dirección del eje un cuerpo principal mas o menos cónico sobre el que aparecen una serie de *yemas* y brotes laterales. El lugar donde se encuentran ubicadas las yemas se denomina *nudo* y la zona comprendida entre dos nudos consecutivos se reconoce como *entrenudo* o zona internodal.

Sobre la copa de un árbol encontramos tallos de distintas edades a los que en fruticultura se les aplica la siguiente terminología (véase el Anexo I): *brote* es un tallo en crecimiento durante el período vegetativo, de consistencia herbácea, aún no lignificado, que también se designa como *madera del año*; el *ramo* corresponde al mismo brote cuando ya está agostado y durante la época de reposo, y es *madera de un año*; el ramo al año siguiente sería *madera de dos años*; los tallos más viejos se denominan *ramas* hasta llegar al tallo principal que conecta con la raíz, que llamamos *tronco*.

Las yemas son originalmente meristemos de crecimiento vegetativo o rudimentos de tallo, protegidos por unas escamas imbricadas (catáfilos). En cierto momento estas yemas pueden sufrir una inducción y una diferenciación a primordios florales.

Teniendo en cuenta la posición sobre el tallo, podemos distinguir entre *yemas terminales* cuando se encuentran posición distal y *yemas axilares* (o laterales) cuando aparecen en la axila de las hojas. En los "frutales de pepita" cada yema axilar va acompañada de otras dos, no detectables a simple vista, denominadas *yemas estipulares* situadas a cada lado de la axilar y su misión es sustituir a ésta en caso de haber sido dañada. Las tres darán lugar, si evolucionan, a crecimiento vegetativo. En los "frutales de hueso", por lo general, hay varias yemas visibles por nudo que pueden dar lugar a crecimiento vegetativo o a floración (excepcionalmente habrá sólo una en ramos vigorosos). En nogal y pacanero generalmente hay dos yemas superpuestas en cada axila y de morfología diferente.

Si llegada la primavera las yemas axilares destinadas a crecimiento vegetativo no evolucionan pueden caerse y desaparecer o pueden quedar mas o menos ocultas bajo la corteza como *yemas latentes,* que podrán en un futuro dar lugar a crecimiento de brotes si las condiciones fueran favorables.

Otro tipo denominado *yemas adventicias* son aquellas que se originan *"de nuovo"* en alguna zona de tallos viejos y que darán, en general, crecimientos vegetativos muy vigorosos. Son muy frecuentes en algunas especies (olivo) o pueden faltar absolutamente (vid).

En cuanto a su evolución, podemos distinguir entre las *yemas de madera,* que darán lugar a crecimiento vegetativo, y *yemas de flor* que, tras el desborre, originarán flores. En muchas especies es posible distinguir durante el período de reposo las yemas de madera de las yemas de flor, por ser estas últimas más gruesas y redondeadas que las primeras.

En los "frutales de pepita" las yemas de flor darán lugar, además, a crecimiento vegetativo, por lo que se denominan *yemas mixtas*. Estas yemas mixtas, terminales, producirán una inflorescencia (corimbo, umbela) con múltiples flores. En los "frutales de hueso" las yemas de flor son siempre laterales y sin crecimiento vegetativo, pueden producir una única flor como en melocotonero o albaricoquero, o dos o tres flores como en el ciruelo japonés.

En el nogal y el pacanero las flores son unisexuales y las yemas que producirán flores femeninas pueden ser terminales o laterales. Las flores masculinas (en amentos) evolucionan a partir de yemas laterales.

Las yemas de flor pueden estar situadas sobre madera de un año (en los frutales de hueso) o sobre madera de varios años (manzano y peral). En membrillero, nogal, pacanero y vid las flores surgen en primavera tras un corto desarrollo vegetativo y se dice que florecen sobre madera del año. En estos casos, las yemas que dan origen a estos brotes que, tras un breve desarrollo, florecerán, son en realidad yemas mixtas y es difícil reconocer durante el reposo, a simple vista, si son o no portadoras de flores, pero sí pueden ser determinadas si se diseccionan las yemas con ayuda de una lupa.

Los objetivos de esta práctica son 1) Familiarizar al alumno con los diferentes órganos vegetativos y fructíferos, así como con los hábitos de fructificación de las principales especies leñosas de hoja caduca; y 2) Identificar las especies frutales durante la época de reposo invernal.

Órganos característicos

Los tallos, desarrollados a partir de una yema, alcanzarán un crecimiento en longitud y grosor, así como una morfología, que son característicos de la especie, aunque su desarrollo esté condicionado por el medio. Son frecuentes los siguientes tipos de tallos (véase el Anexo II):

En todas las especies:

- *Chupón.* Brote muy vigoroso que surge de una yema latente o adventicia en el tronco, en las ramas principales o en la base.
- *Ramo de madera.* Tallo de vigor medio que sólo posee yemas de madera.

Frutales de pepita:

- *Brindilla.* Ramo de madera débil, delgado y flexible de 15 a 30 cm.
- *Brindilla coronada.* Brindilla cuya yema terminal es de flor.
- *Dardo.* Ramo muy corto, con numerosas rugosidades en la base, que termina en una yema de madera más puntiaguda y desarrollada que la normal. Es un órgano de transición hacia la lamburda.
- *Lamburda.* Dardo cuya yema terminal es de flor.
- *Bolsa.* Abultamiento de la base de la inflorescencia, que se forma una vez desarrollado el fruto y que tiene dos yemas de madera que normalmente evolucionan a dardos o brindillas.

Frutales de hueso:

- *Ramo mixto.* Tallo de vigor medio que tiene yemas de flor y de madera.
- *Chifona.* Ramo mixto corto semejante en vigor a la brindilla de los frutales de pepita.
- *Ramillete de mayo.* Ramo mixto muy corto (2-5 cm) que presenta la yema terminal de madera y el resto generalmente de flor.
- *Ramo anticipado.* El que se ha desarrollado el mismo año que aquel en el que se inserta. Puede aparecer también en los frutales de pepita, pero es infrecuente.

Evolución de los órganos

La diferenciación de una yema de madera a flor supone una situación irreversible, y su destino es florecer y fructificar si no ocurren adversidades. Por otro lado, debe recordarse que las yemas mixtas poseen puntos de crecimiento vegetativo además de flores. Para comprender las evoluciones que se describen a continuación, véase el Anexo III.

Los chupones se originan, como se ha dicho, a partir de una yema latente o adventicia, de forma natural o inducida por una poda drástica. Por su excesivo vigor tardarán en florecer y pueden comprometer la estructura equilibrada del árbol.

El ramo de madera surge generalmente de una yema de madera, tiene un vigor más o menos equilibrado (50-80 cm) y cada una de sus yemas puede evolucionar hacia cualquier tipo de brote. Una proporción adecuada de ramos de madera junto con órganos fructíferos es fundamental para mantener el equilibrio del árbol y asegurar la renovación de la floración en casi todas las especies, salvo en las que poseen ramos mixtos, pues estos son predominantes cuando el árbol se encuentra en plena producción.

Las bridillas se originan a partir de una yema de madera, sobre un ramo o sobre una bolsa. La brindilla coronada evoluciona a partir de una brindilla simple del año anterior o puede haber surgido de igual forma que la brindilla simple, coronándose en el mismo año de su formación.

El dardo evoluciona a partir de una yema de madera poco vigorosa. En años sucesivos se transformará en otro dardo (de mayor longitud) o en una lamburda. Excepcionalmente, y en particular por efecto de la poda sobre el dardo, puede dar lugar a un ramo más vigoroso, como una brindilla.

La lamburda es la evolución más frecuente a partir del dardo pudiendo originarse también, excepcionalmente, en un sólo año a partir de una yema de madera.

La bolsa se va desarrollando en la base de los pedúnculos de los pomos a medida que estos se desarrollan, por lo que está situada en el extremo de una brindilla coronada o de una lamburda. Sobre la bolsa irán apareciendo crecimientos vegetativos que concluirán en dardos, lamburdas o bridillas.

Los ramos anticipados son mucho mas frecuentes en los "frutales de hueso" que en los de "pepita". Evolucionan desde una yema de madera recién formada. Por su escaso vigor no suelen ser de interés, salvo en árboles jóvenes en los que la poda de formación suele ser más rápida aprovechando esos ramos.

Los ramos mixtos evolucionan desde una yema de madera con un vigor y longitud similar a los ramos de madera. En ellos, las yemas de flor están destinadas a producir frutos y las yemas de madera darán lugar a nuevos ramos mixtos, chifonas o ramilletes de mayo. En un melocotonero adulto, prácticamente todos los tallos serán ramos mixtos, mientras que en otros "frutales de hueso" coexistirán con otros órganos.

Las chifonas tienen el mismo origen y evolución posterior que los ramos mixtos. Son muy escasas en melocotonero y abundantes en almendro, albaricoquero, ciruelos y cerezo.

Los ramilletes de mayo se originan, en principio, a partir de yemas de madera de un ramo mixto. Son órganos perdurables, puesto que se alargan en longitud o se ramifican generando nuevos ramilletes en el año siguiente.

Bibliografía

Sociedad Española de Ciencias Hortícolas. 1999. *Diccionario de ciencias hortícolas*. Mundi-Prensa, Madrid.

Práctica

La práctica constará de dos partes:

1) Con el fin de detectar las diferencias en cuanto a hábitos de fructificación de las diferentes especies, se deberá cumplimentar el siguiente cuadro indicando los órganos fructíferos que se encuentran en cada especie, el porcentaje que representan del total, la distribución en las diferentes edades de la madera y el tipo de yemas que poseen.

Especie	Órgano	% del total	Edad de la madera que soporta al órgano	Tipo de yemas
Albaricoquero				
Almendro				
Cerezo				
Ciruelo Europeo				
Ciruelo Japonés				
Melocotonero				
Manzano				
Peral				

2) Elaborar una clave de identificación de especies de hoja caduca durante el período de reposo invernal. Para ello considerar los órganos propios de cada especie descritos anteriormente, junto con otros caracteres como los siguientes:

Ramos:
- Color de la madera. Puede ser homogéneo (manzano y otras) o sectorial (melocotonero y almendro), con diferencias de coloración entre la zona de insolación (coloreada) y la zona sombreada (verde).
- Lenticelas: numerosas, escasas, tamaño, color, prominencia.
- Indumento del ramo: glabro, pubescente, hirsuto.
- Nudos: prominentes, no prominentes.
- Yemas: tamaño, forma, indumento, coloración, número de yemas por nudo.
- Posición de las yemas de flor: laterales, terminales.

Ramas y tronco:
- Coloración.
- Lenticelas.

Clave de identificación:

ANEXO I. Ramos y yemas

Ramo (melocotonero)

Ramos anticipados (almendro)

Yemas simples
(melocotonero)

Yema mixta (peral)

Brote (albaricoquero)

ANEXO II. Órganos característicos de las diferentes especies

Manzano   *Peral*

Dardos

Lamburdas

Bolsas

 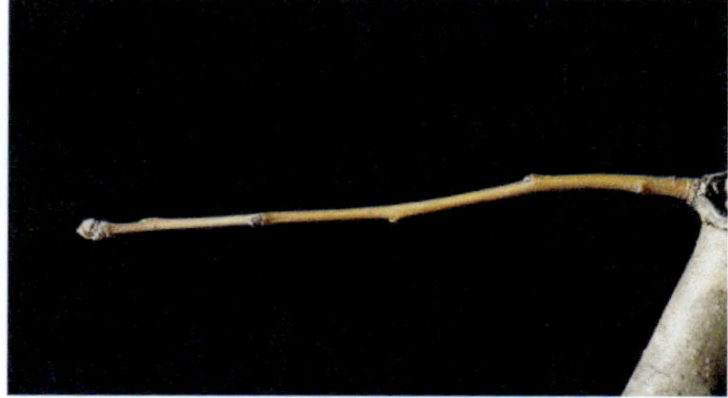

Brindillas coronadas

Chifonas

Albaricoquero

Almendro

Ciruelo japonés

Melocotonero

Ramilletes de mayo

Albaricoquero

Almendro

Ciruelo japonés

Ciruelo europeo

Rama de albaricoquero
con ramilletes de mayo

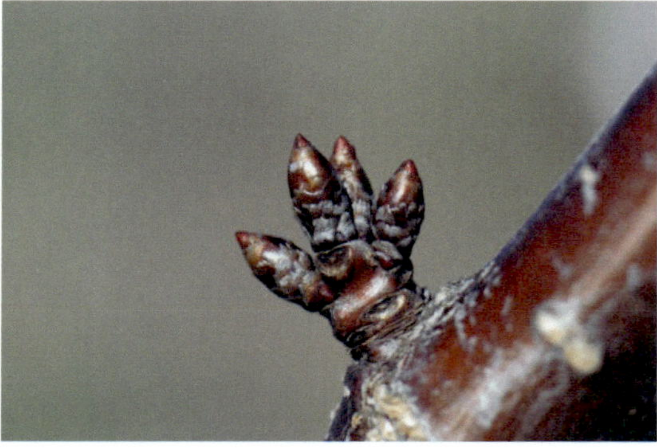

Cerezo

ANEXO III. Evolución de los órganos fructíferos

El grosor de las flechas que parten de la yema inicial indica el vigor de esta. La flecha más gruesa indica que la yema es muy vigorosa, dando lugar a chupones o ramos de madera vigorosos y con más anticipados en las especies en las que se producen. Por el contrario, las flechas de menor grosor indican yemas menos vigorosas originando órganos fructíferos cortos (*spurs*) o yemas latentes o caedizas. Un corte de poda por encima de la yema haría que ésta adquiriera un gran vigor. (Cortesía de M. Cambra)

MANZANO y PERAL
EVOLUCIÓN DE SUS YEMAS I

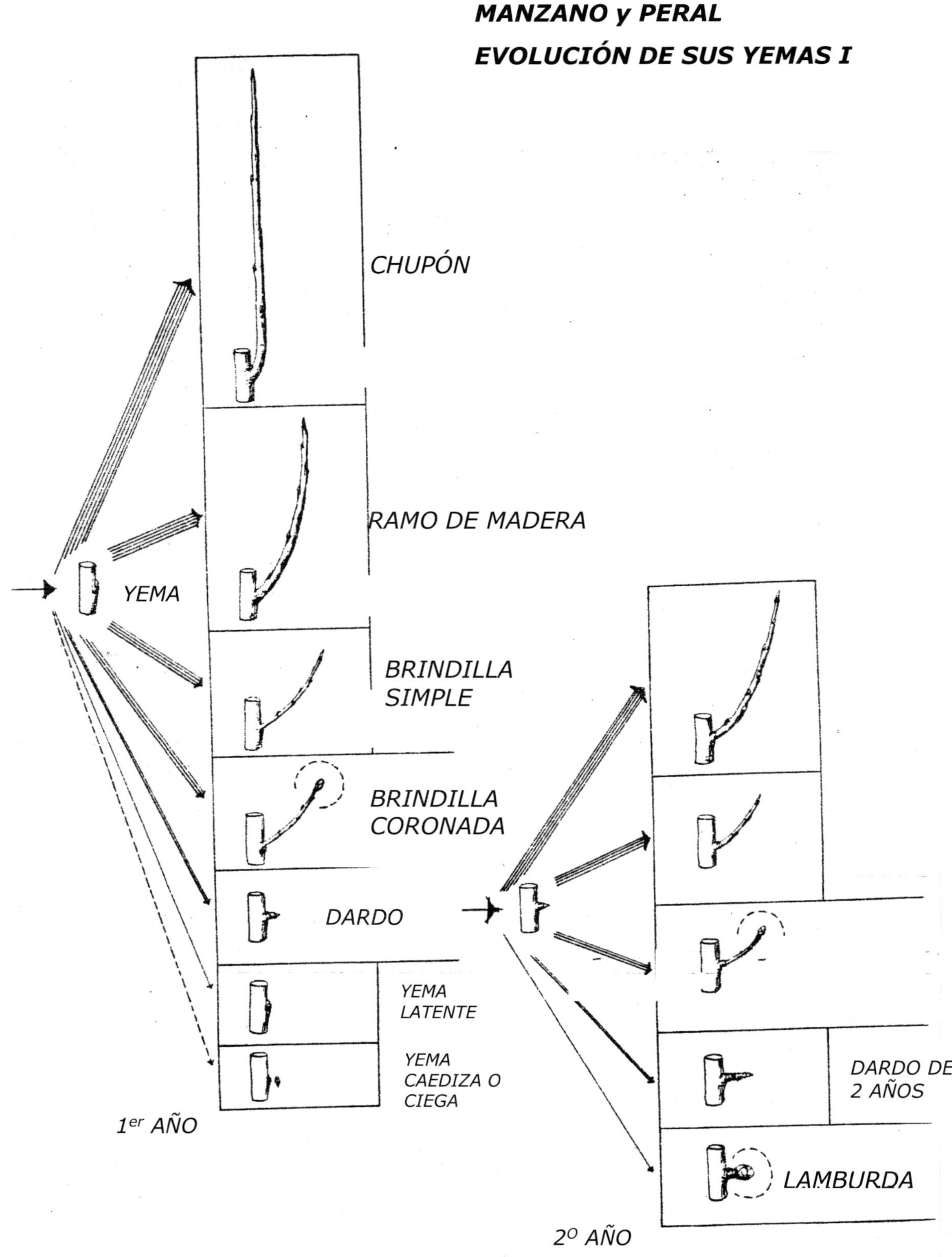

MANZANO y PERAL
EVOLUCIÓN DE SUS YEMAS II

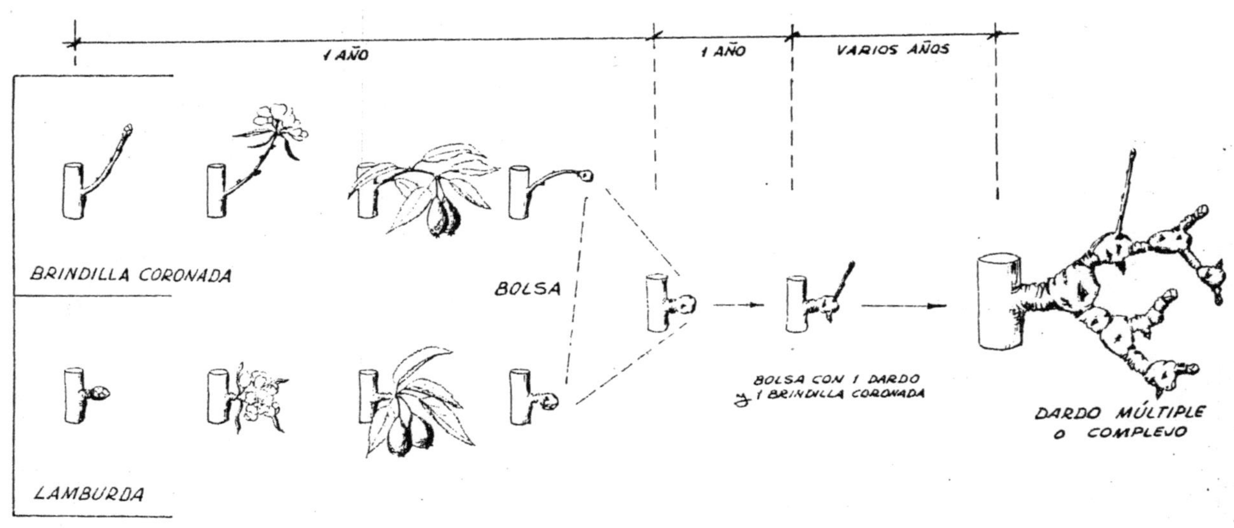

MANZANO y PERAL
EVOLUCIÓN DE SUS YEMAS III

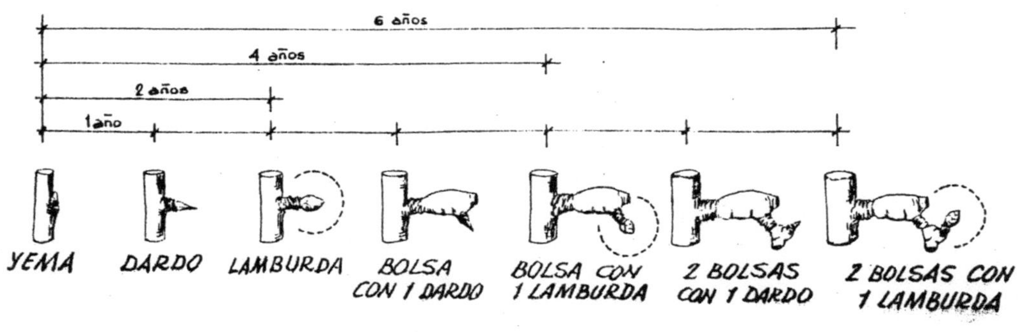

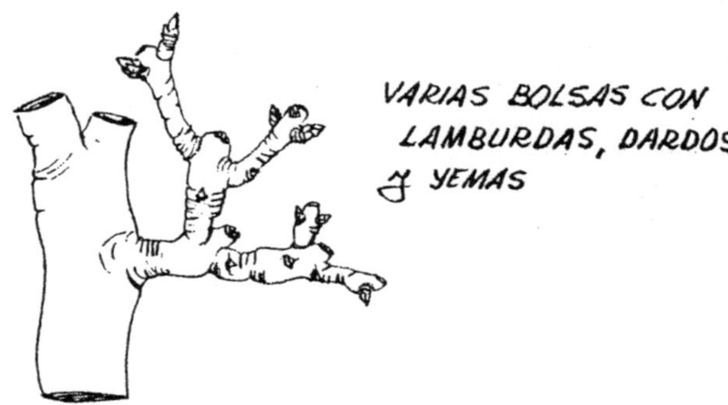

MELOCOTONERO
EVOLUCIÓN DE SUS YEMAS

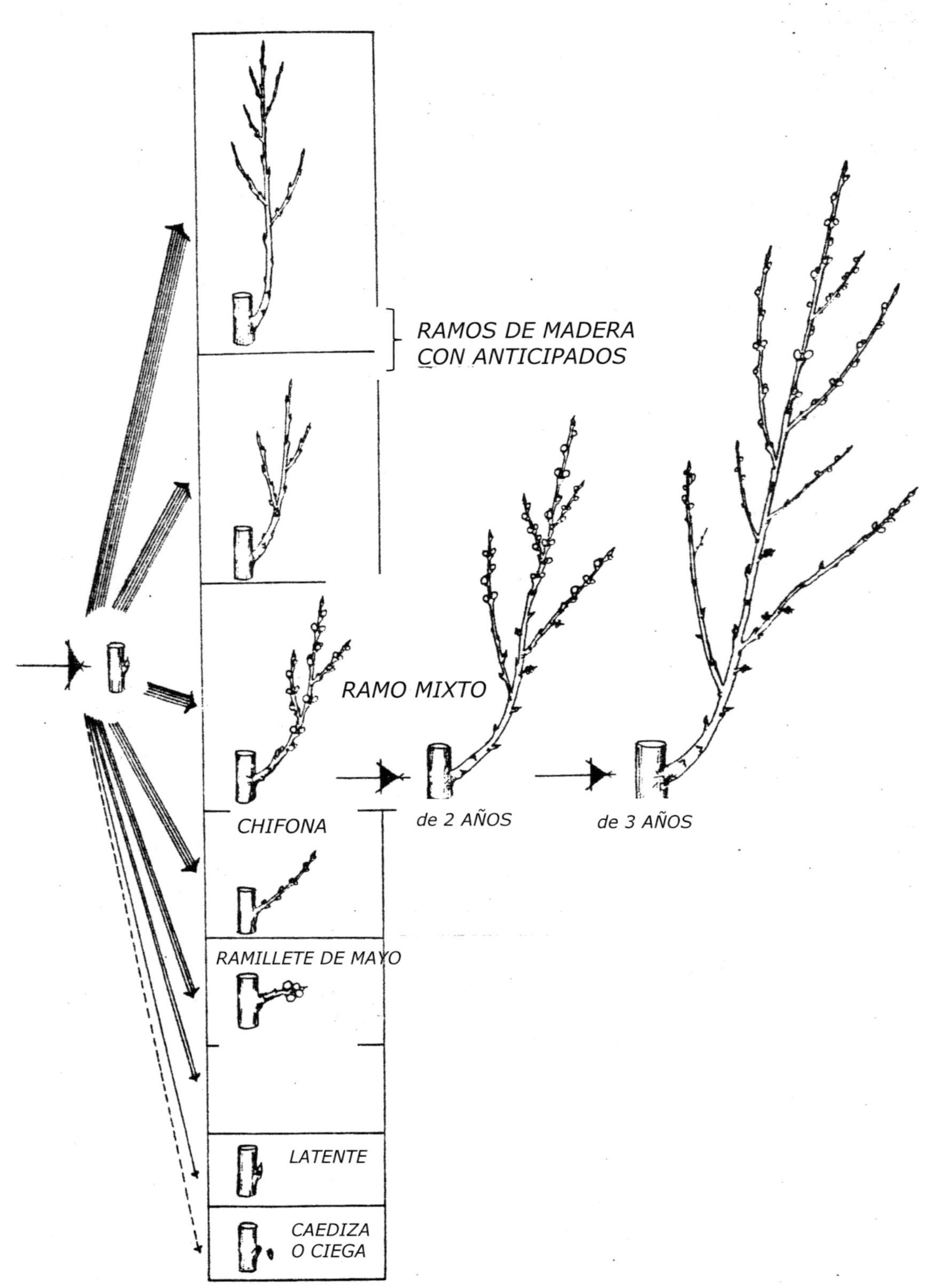

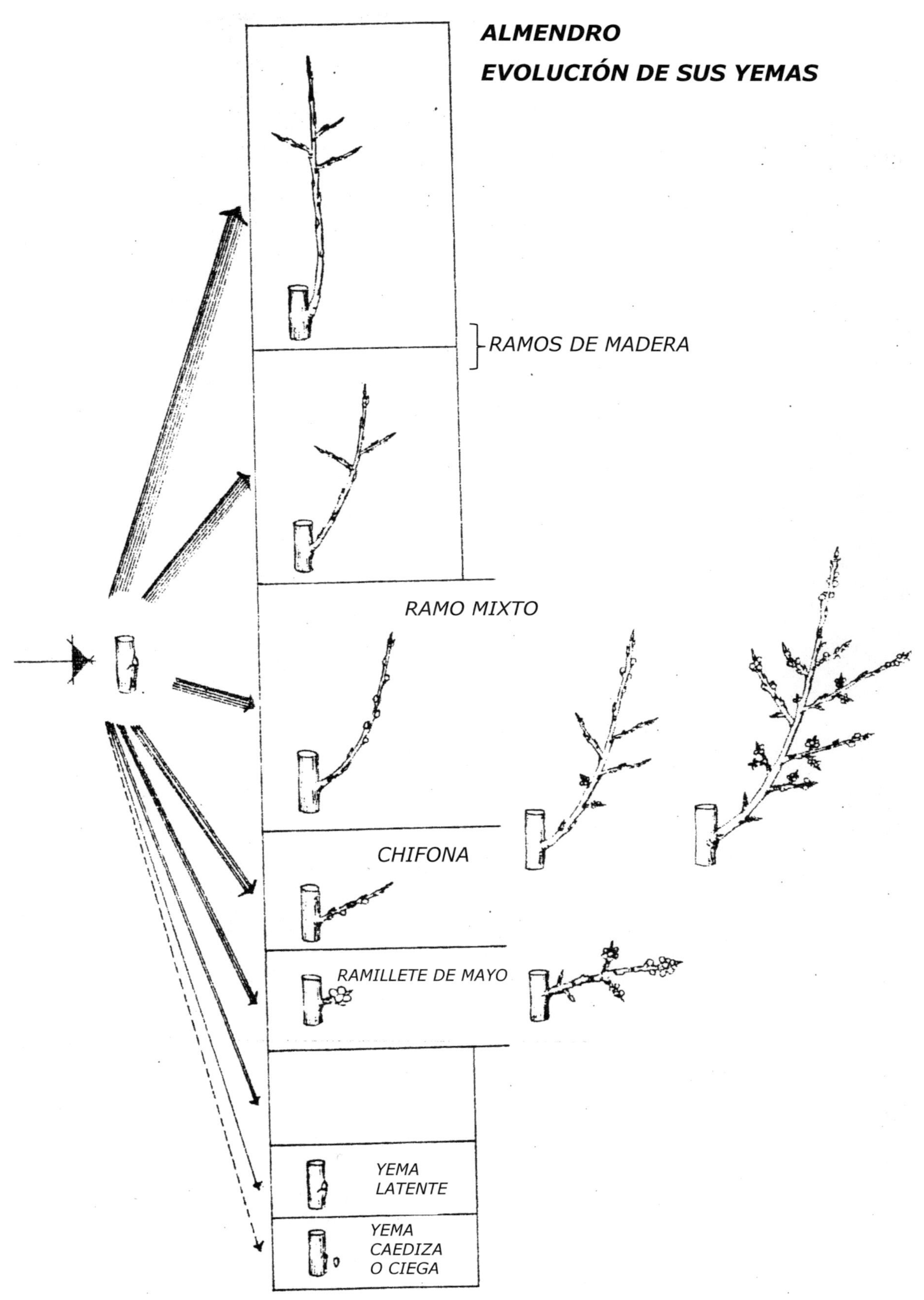

ALMENDRO
EVOLUCIÓN DE SUS YEMAS
RAMOS DE MADERA
RAMO MIXTO
CHIFONA
RAMILLETE DE MAYO
YEMA LATENTE
YEMA CAEDIZA O CIEGA

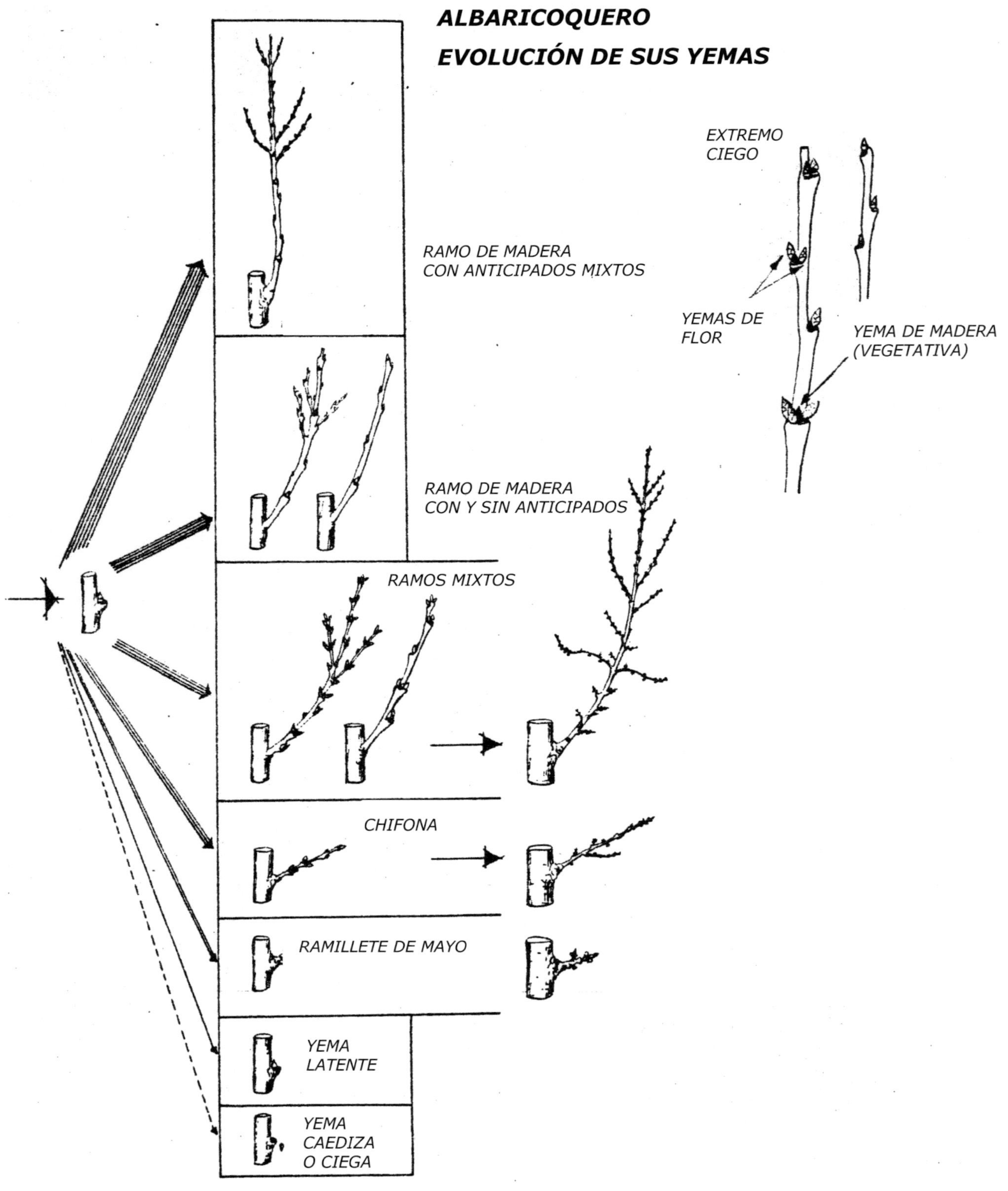

ALBARICOQUERO
EVOLUCIÓN DE SUS YEMAS
EXTREMO CIEGO
YEMAS DE FLOR
YEMA DE MADERA (VEGETATIVA)
RAMO DE MADERA CON ANTICIPADOS MIXTOS
RAMO DE MADERA CON Y SIN ANTICIPADOS
RAMOS MIXTOS
CHIFONA
RAMILLETE DE MAYO
YEMA LATENTE
YEMA CAEDIZA O CIEGA

CEREZO
EVOLUCIÓN DE SUS YEMAS

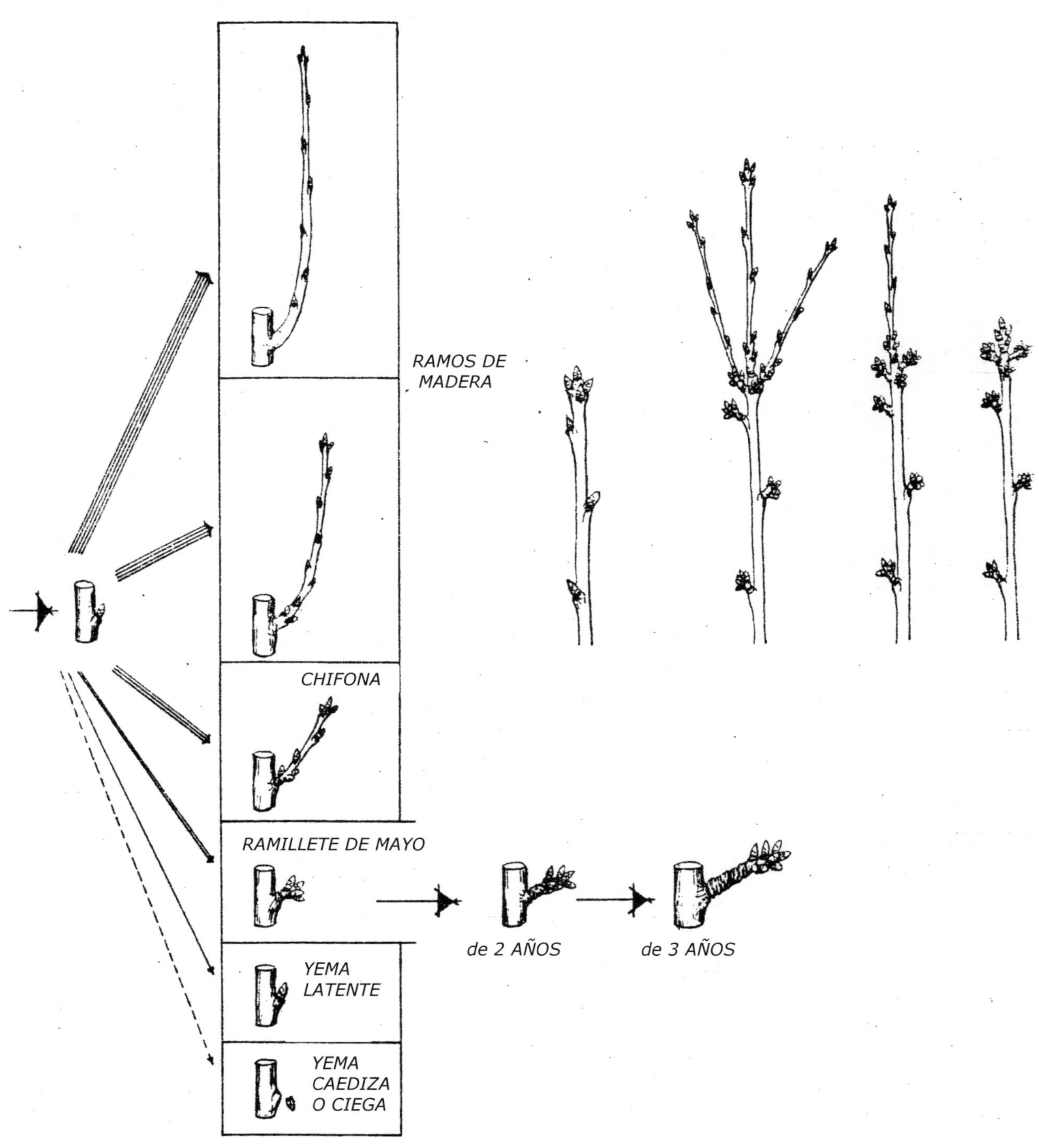

CIRUELO EUROPEO
EVOLUCIÓN DE SUS YEMAS

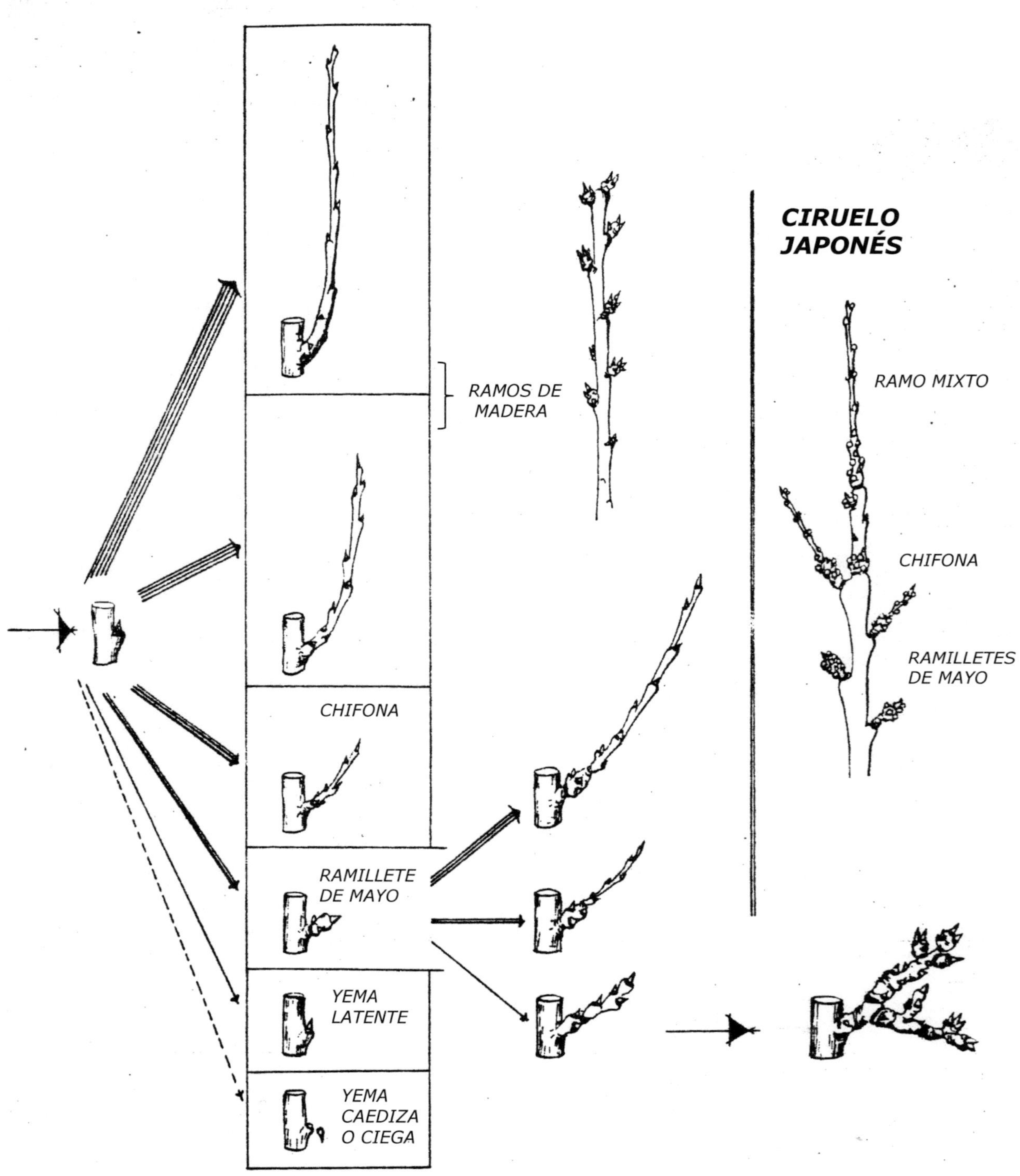

Floración

Introducción

La fenología se define en el Diccionario de Ciencias Hortícolas (SECH, 1999) como el *"Estudio de las relaciones entre las condiciones climáticas y fenómenos biológicos periódicos, como la floración de las plantas"*. En los árboles frutales incluye el conocimiento de los fenómenos que tienen lugar durante el ciclo bienal, como la floración, la brotación o la maduración de los frutos. Para cada fenómeno se suelen definir unos estados fenológicos que se relacionan con estados de desarrollo de la planta y que se caracterizan morfológicamente. Así, los estados de flor abierta o de caída de pétalos, por ejemplo, definen unos estados fenológicos correspondientes al desarrollo de una yema de flor y sirven para caracterizar la evolución de esa yema. Las Figs. 2 y 3 recogen los estados fenológicos tipo de la floración de los frutales de hueso (representados en este caso por los del almendro) y los de pepita (representados por los del manzano) definidos por Baggiolini (1952) y Fleckinger (1954), respectivamente. Estos estados corresponden al desarrollo de una yema de flor hasta que comienza el crecimiento del fruto, y se expresan por una letra que los identifica.

Actualmente se está utilizando en algunos estudios la escala extendida BBCH para las especies monocotiledóneas y dicotiledóneas cultivadas (Bleiholder, 1996). La escala BBCH utiliza un código de dos dígitos, en lugar de letras, para identificar cada estado fenológico; el primer dígito indica el estado principal de crecimiento (la floración, por ejemplo) y abarca desde el desarrollo de la yema hasta la entrada en reposo, y el segundo dígito precisa, dentro de cada estado principal, el estado fenológico. Así, por ejemplo, el código 65 en la escala BBCH para el manzano indica con el dígito 6 que se trata del estado principal de floración y con el 5 el estado fenológico de plena floración, y equivale al estado F_2 definido por Fleckinger. El código numérico permite monitorizar el desarrollo de las plantas con el uso del ordenador.

La época en la que acontecen anualmente los fenómenos biológicos periódicos se encuentra afectada por varios factores, particularmente por las condiciones climáticas reinantes; así, por ejemplo, la brotación de una yema de flor depende, entre otros factores, de la cantidad de frío invernal acumulada en esa yema y del aumento posterior de la temperatura, una vez que la yema ha salido del reposo. Conociendo esas necesidades sería posible predecir la época en la que acontece la floración si se dispone de registros de temperatura en la zona en la que se desea hacer la predicción.

Las necesidades de calor hasta la floración de las especies frutales han sido evaluadas por numerosos investigadores, pero existen limitaciones para la estimación exacta de esas necesidades. Una de ellas es que no todas las temperaturas son igualmente favorables para el crecimiento de la yema, y la temperatura óptima para el mismo varía con el estado de desarrollo. Otra limitación importante es la dificultad de establecer la fecha de comienzo de los cálculos, que debe coincidir con la de salida del reposo; pero esa fecha es también dependiente de la temperatura, y puede variar entre años en una misma zona. Por ello, la determinación de la época de floración conforme se realizará en la primera parte de esta práctica es la forma más precisa de estudio. No obstante, se han desarrollado métodos que, basados en el registro de temperaturas locales, permiten estimar la fecha de floración de las especies frutales. Esos métodos han sido descritos por Tabuenca y Herrero (1966).

Además del interés por conocer la fecha precisa en la que suceden los fenómenos biológicos periódicos de una variedad en una zona determinada, el análisis de los estados fenológicos resulta de utilidad para determinar la posible incidencia de heladas primaverales, la coincidencia en floración de variedades polinizadoras, la posible alteración de esas fechas por factores ajenos a la temperatura, como las técnicas de cultivo o el material vegetal, y para monitorizar los tratamientos fitosanitarios.

Los objetivos de esta práctica son: 1) Determinación de la época de floración de las variedades asignadas, y 2) Comprobación de la bondad de los métodos que estiman la fecha de floración de las especies frutales en una zona determinada.

Metodología

Cantidad de flor

Se estimará en cada árbol mediante las categorías que se muestran en la siguiente escala:

0. Sin floración
1. Poca floración
2. Floración abundante
3. Mucha floración

Para ello se observarán los árboles de las variedades asignadas, preferentemente en plena floración, rodeándolos y asignando el valor de la categoría correspondiente.

Evolución de las yemas de flor

La determinación de la época de floración de las especies frutales se basa en la observación de la evolución de los botones florales, caracterizada por los estados fenológicos tipo definidos para las distintas especies, y que para las de hueso y pepita se recogen en las Figs. 2 y 3. Para ello, se han de realizar visitas periódicas a los árboles en estudio durante el período de evolución de los botones florales. Para cada fecha de observación y árbol, los datos se toman en un triángulo equilátero como los plasmados en el estadillo adjunto, indicando en cada uno de los vértices los estados fenológicos observados en esa fecha, que se expresan mediante letras, de la siguiente forma:

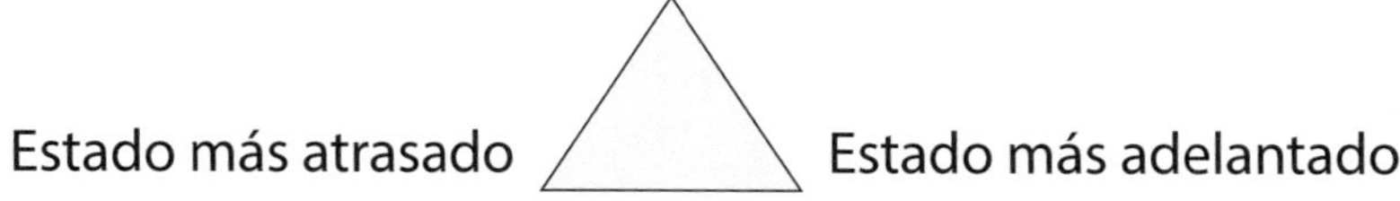

Una vez finalizada la toma de datos en campo, se elaboran los gráficos de floración procediendo de la siguiente forma:

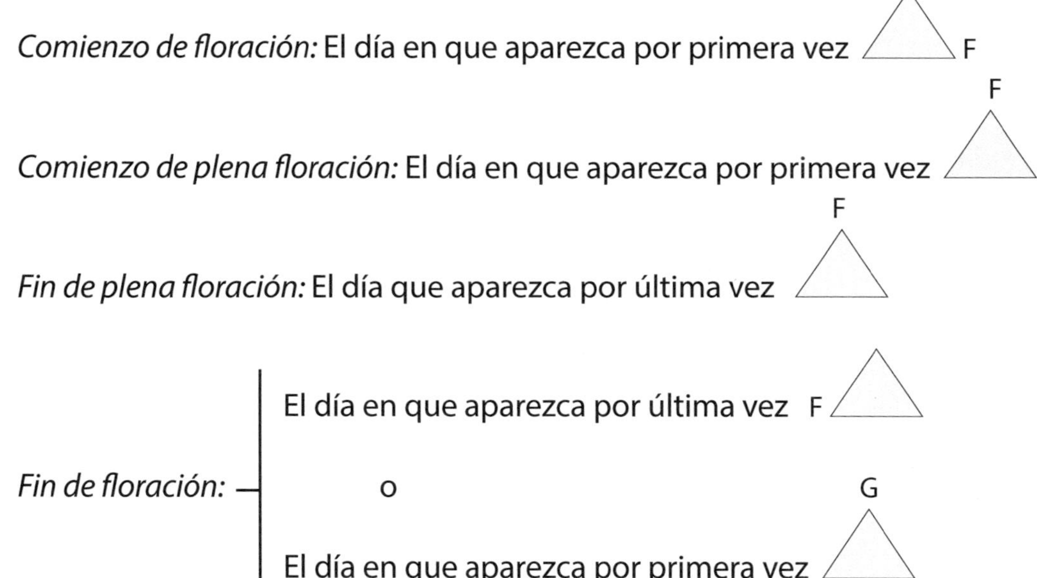

Determinadas estas fechas para cada árbol, se obtiene el período de floración de cada variedad considerando las fechas de comienzo de floración o de plena floración las correspondientes al árbol más precoz, y las de final de floración o de plena floración las correspondientes al árbol más tardío. Esos datos se representan en un gráfico de la forma siguiente:

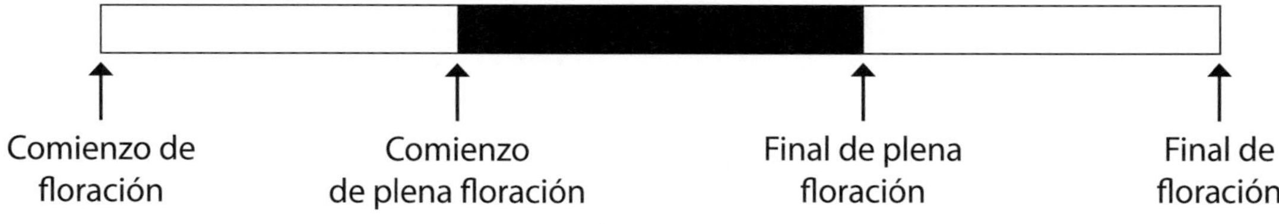

Una vez obtenidos esos gráficos para cada variedad, se elabora un gráfico común en el que se ordenan éstas de acuerdo con los siguientes criterios:

1. Por fechas de comienzo de floración, situando en primer lugar las variedades de floración más precoces.
2. A igualdad del dato anterior, por comienzo de plena floración.
3. A igualdad de esos datos por el final de la floración, precediendo las variedades que finalicen antes la floración.
4. A igualdad de los datos anteriores, por orden alfabético.

Estimación de la fecha de floración

Como se ha indicado con anterioridad, la fecha de floración obtenida con la metodología recogida en el apartado anterior puede estimarse mediante el empleo de métodos que utilizan datos diarios de temperatura. Los métodos estudiados por Tabuenca y Herrero (1966) han sido los siguientes:

1. Número de días hasta floración con temperatura superior a una dada (normalmente 7 °C).
2. Unidades de calor acumuladas hasta floración.
3. Suma de acciones diarias o método de Bidabé.
4. Ecuación de regresión entre la temperatura y la época de floración.

Una descripción de estos métodos y de otros relacionados puede encontrarse también en Fernández-Escobar (2019), a cuya obra se remite al lector para la realización de esta parte de la práctica.

Bibliografía

Baggiolini, M. 1952. Les stades repérés des arbres fruitiers à noyau. *Revue romande d'Agriculture, Viticulture, et d'Arboriculture,* 8(3-4).

Bleiholder, H. 1996. *Compendio para la identificación de los estadios fenológicos de especies mono- y dicotiledóneas cultivadas.* BBA, BSA, IGZ, IVA, Limburgerhof, Alemania.

Fernández Escobar, R. 2019. *Plantaciones frutales. Planificación y diseño* (3ª ed.). Ediciones Mundi-Prensa, Madrid.

Fleckinger, J. 1954. Observations recentes sur l'ecologie du pommier a cidre. *VIII Congress International Botanique,* 10 pp.

SECH, 1999. *Diccionario de Ciencias Hortícolas.* Ediciones Mundi-Prensa, Madrid. 605 pp.

Tabuenca, M.C. y Herrero, J. 1966. Influencia de la temperatura en la época de floración de frutales. *Anales de la Estación Experimental de Aula Dei,* 8(1-2): 115-153.

Definir o responder las siguientes cuestiones

Plena floración

Grados-día

Grados-hora

¿Qué utilidad tiene una colección de variedades en relación con la fenología?

Práctica

La práctica consta, de acuerdo con los objetivos marcados, de dos partes:

1) Toma de datos sobre la evolución de los estados fenológicos de floración en los árboles asignados. Normalmente se asignarán varias variedades de una misma especie, salvo que una especie está representada únicamente por una variedad, en cuyo caso se asignarán más de una especie. Con los datos tomados se elaborarán los gráficos de floración.

Las observaciones se realizarán, al menos, semanalmente hasta el estado fenológico D y, a partir de ese momento, cada tres días hasta la finalización de la floración. Para ello, se usarán los estadillos que se adjuntan, en el que se indicarán la especie, variedad, fecha de toma de datos, árbol y las observaciones en los triángulos. Los gráficos se completarán en el cuadro que se inserta a continuación de los estadillos.

2) Cálculo de la época de floración de la especie estudiada de acuerdo con algunos de los métodos indicados anteriormente. Para ello, se utilizarán los registros de temperatura correspondientes al año de realización de la práctica.

Una vez estimada la fecha de floración media de la especie o especies estudiadas, se comparará con la fecha obtenida en la parte anterior y se realizará una breve discusión de los resultados.

Floración

Variedad árbol	Fecha								Cantidad de flor

Época de floración de las variedades de

....

Variedad	Fechas									Cantidad de flor (0-3)
	Febrero			Marzo			Abril			
	10	20	28	10	20	31	10	20	30	

Época de floración media de la especie

Especie	Fecha obtenida	Fecha estimada		
		Días con t >7°	Unidades de calor	Ecuación de regresión

Discusión de los resultados

Fig. 2. Estados fenológicos del almendro
(Según Baggiolini, 1952)

Fig. 3. Estados fenológicos del manzano
(Según Fleckinger, 1954)

Incidencia de adversidades en especies frutales

Introducción

Los trabajos de observación son parte sustancial de la actividad agrícola y, en particular, los realizados para evaluar la incidencia de adversidades en los cultivos son cotidianos tanto en centros de experimentación agrícola, para evaluar diferencias en la tolerancia o susceptibilidad del material vegetal, como en la práctica agrícola para cuantificar daños en los cultivos. En cualquier caso, es necesario realizar una serie de medidas que permitan cuantificar el grado de afectación.

Para la evaluación de incidencias de adversidades en condiciones de campo no es fácil la realización de mediciones con el empleo de aparatos o dispositivos, por lo que las medidas suelen basarse en el establecimiento de categorías, de manera que los individuos se separan en grupos ordenados, pero con los límites definidos arbitrariamente. Por ejemplo, la incidencia de una enfermedad puede clasificarse en ligera, moderada o fuerte. Este es un medio sencillo de mostrar diferencias, pero éstas pueden quedar enmascaradas si las observaciones se hacen con poco sentido crítico.

Un punto que requiere especial atención es la elección de la escala, que debe permitir mostrar diferencias y, a la vez, ser de fácil comprensión por el observador, de forma que se minimice el riego de errores por confusión de esta. Se han utilizado multitud de escalas que varían desde 3 a 15 grados. Pearce (1976) recomienda para estos casos una escala de no más de cinco grados para evitar el riesgo de confusión al aumentar el número y el de imprecisión al disminuirlo. En una escala de 5 grados, por ejemplo, el valor 3 se asignaría a individuos que muestren, aproximadamente, un valor medio, el 2 a los que se encuentran por debajo de la media, el 4 a los que están por encima, y los valores 1 y 5 se reservarían para los individuos malísimos o los realmente excelentes, respectivamente. Sobre esa base se han elaborado varias escalas; las de más amplio uso en todo tipo de trabajos de observación se recogen en la sección siguiente.

El valor 0 en una escala ha sido cuestionado por algunos por su indefinición (Lipton, 1991), ya que cero indica ausencia de algo; pero en estudios sobre incidencia de adversidades el valor 0 asignado a un árbol sano, que no presenta ningún tipo de síntoma asociado a la adversidad, es algo preciso, por lo que se incluye como valor categórico en algunas escalas.

El mayor riesgo en la utilización de categorías para la toma de datos de observación es el sesgo de la persona que los toma. En ocasiones, una persona sin experiencia en el tema toma los datos más correctamente que otra especializada, si ésta incluye en la valoración de las observaciones apreciaciones personales u observaciones indirectas. No obstante, es preferible una persona experimentada, siempre que actúe con sentido crítico y objetividad. A ello ayuda conocer con claridad qué se quiere medir, esto es, conocer los síntomas de la adversidad y distinguirlos de otras características del material vegetal, y comprender la escala o elegir aquella, dentro de las normalmente utilizadas, que mejor se adapte al problema y a la comprensión del observador.

En esta práctica se pretende familiarizar al alumno con la toma de datos en trabajos de observación realizados en campo. Para ello, se persiguen los siguientes objetivos: 1) Que el alumno observe y describa los síntomas asociados a diversas adversidades que pueden afectar a los árboles frutales, como daños de heladas, síntomas de falta de frío invernal, fisiopatías o incidencia de plagas y enfermedades, y 2) Que cuantifique el grado de incidencia y le permita evaluar los daños y diferenciar susceptibilidades de material vegetal diferente.

Metodología

Se utilizarán árboles de las especies frutales empleadas para la práctica de Fenología preferentemente. Sobre ellos, se describirán los síntomas que se observen y estén asociados a la adversidad, en particular los que aparezcan en hojas, en flores o frutos, en brotes o ramos y, en su caso, en el tronco y ramas principales. Hay que considerar que la naturaleza de los síntomas puede variar, en algunos casos, en función de la intensidad con que se presente la adversidad y el estado de desarrollo de la planta y que, con frecuencia, algunos tardan días en aparecer. En cualquier caso, en este tipo de observaciones resulta de extraordinaria utilidad la realización de fotografías que muestren los síntomas que se describen, e incluso la de un árbol tipo que sirva para definir un grado concreto en la escala de valoración de la incidencia.

La evaluación de la incidencia se realizará mediante el empleo de categorías incluidas en una escala de valoración. Algunas de las de más amplio uso son las siguientes (Fernández-Escobar *et al.*, 2018):

Escala 0-5

Esta escala se utiliza con frecuencia para la evaluación de síntomas provocados por diversos agentes. Las categorías son las siguientes:

0. Árbol sano, sin síntomas visibles.
1. Árbol con algún síntoma asociado a la adversidad.
2. Árbol con pocos a moderados síntomas.
3. Árbol con muchos síntomas, indicando un estado avanzado de afectación.
4. Árbol con síntomas graves.
5. Árbol muerto.

Esta escala consta de 6 grados, pero los valores 0 y 5 no crean confusión quedando, en la práctica, cuatro grados para discriminar. Lo importante en esta escala es definir con precisión el valor 3, y asignar los demás por comparación con los síntomas mostrado por un individuo con ese valor.

Escala 0-3

Es una escala muy simple, que puede utilizarse con éxito cuando no hay necesidad de mayor precisión en la toma de datos. Las categorías son:

      0. Sin síntomas (o árbol testigo, en su caso).
      1. Pocos síntomas.
      2. Moderados síntomas.
      3. Muchos síntomas.

En función de la incidencia que se pretenda evaluar y de la claridad de la escala, se elegirá una de ellas para la toma de datos en esta práctica. Cada árbol se evaluará por separado y se obtendrá el valor correspondiente a cada variedad calculando la media entre los árboles evaluados de la misma. Con los datos así obtenidos, se elaborará un cuadro en el que se ordenen las variedades o las especies evaluadas por orden de tolerancia a la adversidad. Posteriormente se discutirán los resultados, indicando la causa de la incidencia, las razones por las que pudo provocarse -incluyendo datos que lo avalen, como registros termométricos, por ejemplo-, y, si procede, medidas a tomar para paliar sus efectos y prevenirlos en el futuro. En la interpretación de los datos téngase presente que atribuir importancia a diferencias de menos de 0,5 puntos no está justificado en la mayoría de los casos.

Bibliografía

Fernández-Escobar, R., Trapero, A., Domínguez, J. 2018. *Experimentación agraria*. Ediciones Díaz de Santos, Madrid. 358 pp.
Lipton, W.J. 1991. How does your rating system rate? (Part II). *ASHS Newsletter*, 7(12): 8.
Pearce, S.C. 1976. *Field experimentation with fruit trees and other perennial plants*. Techn. Comun, n.º 23, 182 pp. CAB. Farmham Royal. Slongh, England.

Definir o responder las siguientes cuestiones

Fisiopatía. (Indicar algunas que sean frecuentes en árboles frutales)

Helada. (Indicar tipos de esta)

¿Serían comparables los datos obtenidos si variedades diferentes estuvieran localizadas en lugares distintos?

¿Por qué las variedades de una misma especie deben evaluarse por la misma persona si se pretende estudiar el grado de tolerancia de las mismas a una determinada adversidad?

Realización

Dada la naturaleza de esta práctica, su realización dependerá de la ocurrencia de alguna adversidad que, por su severidad, resulte de interés la evaluación de su incidencia. Esto también variará entre años, de manera que en ocasiones pueda evaluarse el efecto de una helada, en otras la falta de frío invernal y otras veces la incidencia de otro tipo de adversidad. En cada caso, cada alumno evaluará todas las variedades de una especie o, si solo hubiera una variedad, evaluará el efecto en varias especies. Como los síntomas evolucionan con el tiempo, las observaciones se repetirán una o dos veces en función de la evolución del síntoma, con la frecuencia que en cada caso se indicará. En la Fig. 4 se muestran síntomas de algunas adversidades comunes.

ADVERSIDAD:
Descripción de la sintomatología

En hojas

En brotes o ramos

En flores o frutos

En tronco o ramas principales

Fotografías de los síntomas (si se dispone)

Adversidad: Escala:

Variedad árbol	Fecha								Observaciones

Ordenar las especies y variedades por orden de tolerancia

		Categoría (Escala:)
		Fecha
Especie	*Variedad*	

Discusión

Manzano

Ciruelo japonés

Falta de frio invernal

Resquebrajamiento corteza

Desecación

Defoliaciones

Heladas

Cribado

Lepra

Mancha ocre (almendro)

Enfermedades

Pulgones

Adulto

Daños en ramos

Gusano cabezudo (*Capnodis tenebrionis*)

Tigre del almendro

Fig. 4. Síntomas de algunas adversidades comunes

Maduración

Introducción

La maduración comprende los procesos por los que un fruto evoluciona hasta un estado aceptable para el consumo. La madurez es el estado final del proceso de maduración. Se distingue entre:

- *Madurez fisiológica*: cuando el fruto ha completado su crecimiento y desarrollo normal.
- *Madurez de consumo*: cuando el fruto ha alcanzado las características adecuadas para su consumo. Se alcanza después de la madurez fisiológica.
- *Madurez hortícola o comercial*: es el estado en el que el crecimiento o el desarrollo es óptimo para un determinado objetivo.

Los estados del desarrollo del fruto se esquematizan en la siguiente figura:

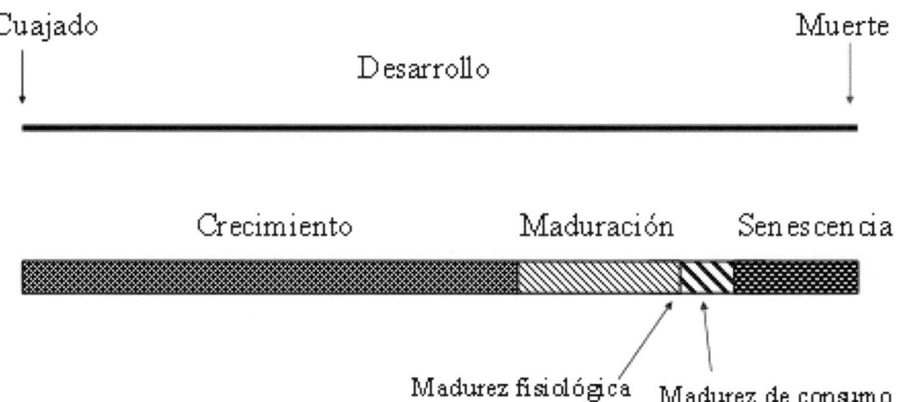

Cambios producidos durante la maduración

Durante el proceso de maduración se producen en el fruto una serie de cambios físicos, químicos y fisiológicos que siguen un modelo determinado por la dotación genética, pero afectado por el ambiente. Entre los más importantes destacan los siguientes:

- *Textura*: desde firme y dura hasta tierna y jugosa.

- *Metabolismo de los hidratos de carbono*: se produce un aumento de sólidos solubles como consecuencia de la hidrólisis del almidón.
- *Metabolismo de los ácidos orgánicos*: suelen disminuir durante el proceso. Parte se transforman en hidratos d carbono y en parte se utilizan en la respiración.
- *Formación y degradación de pigmentos*: la clorofila se degrada y aparecen los colores característicos de cada fruto. Se sintetizan antocianinas, con colores rosa a púrpura; carotenos y xantofilas, del amarillo al naranja y rojo.
- *Formación de taninos y compuestos fenólicos*: Los taninos dan coloraciones oscuras por oxidación, de sabor amargo, que disminuyen durante la maduración. Los compuestos fenólicos son antioxidantes naturales.
- *Compuestos aromáticos*: se forman sustancias volátiles responsables del aroma y sabor. Normalmente son ésteres de ácidos orgánicos y alcoholes, y otros compuestos.
- *Lípidos*: la acumulación de grasa es en algunos frutos, como la aceituna y el aguacate, el cambio más importante de la maduración.
- *Respiración y evolución del etileno*: la intensidad respiratoria disminuye durante el proceso de maduración, pero en algunos frutos hay un incremento de la respiración alcanzando un máximo, denominado climaterio, debido a la hidrólisis de polisacáridos acumulados en el fruto, para luego disminuir. En el climaterio la madurez de consumo es óptima. En estos frutos, denominados climatéricos, se produce un aumento de etileno.

Índices de madurez

Son las medidas que pueden emplearse para determinar si un fruto está maduro o, desde un punto de vista práctico, si está listo para ser recogido. Puesto que los cambios en color, tamaño, textura y consistencia de la pulpa se han asociado con la madurez, estos atributos fueron los primeros en utilizarse como índices de madurez.

La práctica tiene por objetivo familiarizar al alumno con la toma de datos fenológicos, en este caso de la maduración. Considerando que la mayoría de los frutos maduran a la finalización del curso o después, la práctica se describe para la toma de datos en el olivo dado que madura durante la celebración del curso académico.

Metodología

Índice de madurez

Se obtiene relacionando el color del fruto con su estado de madurez siguiendo la siguiente escala:

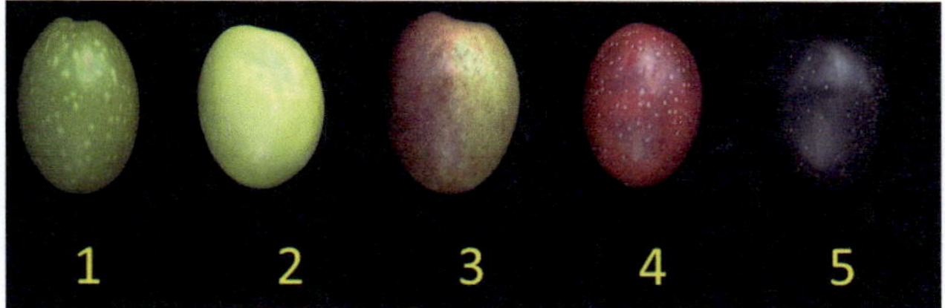

Siendo:
1: Verde intenso.
2: Verde amarillento.
3: Verde con manchas rojizas (envero).
4: Violeta
5: Negro.

El índice de madurez es la media ponderada de una muestra de frutos según el número de estos asignados a cada categoría. Para una muestra de 100 frutos, el índice de madurez resulta:

$$\textit{Índice de madurez} = \frac{A \times 1 + B \times 2 + C \times 3 + D \times 4 + E \times 5}{100}$$

Siendo A, B, C, D y E el número de frutos de las categorías 1, 2, 3, 4 y 5, respectivamente.

El aceite suele estar totalmente formado cuando el índice de madurez ronda el valor 3,5 momento que puede significar el comienzo de la recolección, salvo que se prefiera adelantar para obtener aceites frutados de mayor calidad gustativa.

Periodo de maduración

Para estudiar el proceso de maduración de la aceituna se realizan visitas periódicas (cada 3 ó 4 días) a los árboles durante el periodo de maduración. En cada fecha de observación y para cada árbol, se anotan las observaciones sobre los vértices de un triangulo, indicando en cada uno de los vértices los estados fenológicos observados según la escala anterior.

En el vértice izquierdo de la base se anota el número de la categoría correspondiente al estado de los frutos más retrasados, en el vértice derecho de la base el número correspondiente al estado de los frutos más adelantados y en el vértice superior el número o números correspondientes al estado o estados más frecuentes observados en los frutos del árbol:

Estado o estados más frecuentes

Estado más atrasado   Estado más adelantado

Los datos se suelen elaborar representando en un gráfico las fechas de comienzo del enverado, del final del mismo y del final de la maduración, siguiendo los siguientes criterios:

1. *Comienzo del enverado*: Fecha en la que aparece por primera vez el estado 3 en el vértice inferior derecho.
2. *Final del enverado*: Fecha media entre aquella en la que aparece por última vez el estado 3 en el vértice superior y la que aparece por primera vez el estado 4 en el vértice superior.
3. *Final de la maduración*: Fecha en la que aparece por primera vez el estado 5 en el vértice superior o la primera vez que aparece el estado 4 en el vértice inferior izquierdo.

En el gráfico se muestran las fechas medias de varios árboles de la misma variedad o tratamiento, que pueden acompañarse del error estándar de la media representado por una línea horizontal que indique su amplitud. Cuando se toman datos correspondientes a varias variedades, éstas se ordenan en primer lugar por la fecha de comienzo del enverado y en segundo lugar por la fecha del final del mismo.

Bibliografía

Beltrán, G., Uceda, M., Hermoso, M., Frías, L. 2017. Maduración. En: *El Cultivo del Olivo* (7ª ed.). Barranco, D., Fernández-Escobar, R. y Rallo, L. (eds.). Ediciones Mundi-Prensa, Madrid.
Sociedad Española de Ciencias Hortícolas. 1999. *Diccionario de Ciencias Hortícolas*. Mundi-Prensa, Madrid.

Realización

Para la realización de la práctica se asignarán a cada alumno 3 árboles de tres variedades distintas y realizará visitas periódicas para tomar el estado de la maduración en el gráfico que se adjunta. Al final de la práctica, se elaborará el gráfico de maduración conforme se ha indicado en la metodología.

Maduración

Variedad árbol	Fecha								Notas
	△	△	△	△	△	△	△	△	
	△	△	△	△	△	△	△	△	
	△	△	△	△	△	△	△	△	
	△	△	△	△	△	△	△	△	
	△	△	△	△	△	△	△	△	
	△	△	△	△	△	△	△	△	
	△	△	△	△	△	△	△	△	
	△	△	△	△	△	△	△	△	
	△	△	△	△	△	△	△	△	
	△	△	△	△	△	△	△	△	
	△	△	△	△	△	△	△	△	
	△	△	△	△	△	△	△	△	
	△	△	△	△	△	△	△	△	
	△	△	△	△	△	△	△	△	
	△	△	△	△	△	△	△	△	
	△	△	△	△	△	△	△	△	
	△	△	△	△	△	△	△	△	
	△	△	△	△	△	△	△	△	
	△	△	△	△	△	△	△	△	
	△	△	△	△	△	△	△	△	
	△	△	△	△	△	△	△	△	

Época de envero y maduración de las variedades de olivo

Variedad	Fecha											
	Septiembre			Octubre			Noviembre			Diciembre		
	10	20	30	10	20	31	10	20	30	10	20	31

Comentarios:

Evaluación de las necesidades de frío invernal para la salida del reposo de yemas de especies frutales de hoja caduca

Introducción

Las especies frutales de zona templada adquieren un periodo de latencia en su ciclo anual, que tiene por misión asegurar la supervivencia de las plantas durante los meses de invierno. Durante ese periodo, regulado genéticamente, se producen cambios hormonales y metabólicos que dan lugar a una mayor resistencia al frío. El fenómeno no es aún bien conocido y, en consecuencia, la terminología relativa a esos procesos es confusa o no compartida en su totalidad por fisiólogos y pomólogos. La propuesta en el Diccionario de Ciencias Hortícolas (SECH, 1999) se indica a continuación, en la que se incluye entre paréntesis los sinónimos propuestos últimamente para homogeneizar estos términos, aunque su uso aún no está suficientemente extendido.

- Latencia. Suspensión temporal del crecimiento visible de cualquier estructura que contiene un meristemo. Se trata de un término genérico que engloba todos los casos, con independencia de la causa que la origina.
- Quiescencia (*ecolatencia*). Estado de latencia de un órgano o de un organismo, impuesto por condiciones ambientales adversas.
- Inhibición por correlación (*paralatencia*). Efecto inhibidor que una parte de la planta ejerce sobre el crecimiento y desarrollo de otra. La dominancia apical es un ejemplo típico de este tipo de inhibición.
- Reposo (*endolatencia*). Latencia debida a un bloqueo fisiológico interno que impide el crecimiento, incluso si las condiciones externas son favorables al mismo. Requiere la acumulación de frío para su desaparición.

La mayoría de las yemas formadas durante el crecimiento del brote suelen mantenerse latentes durante el año de su formación, al principio por inhibición debida a la dominancia apical y, posteriormente, por entrar en un estado de quiescencia. En otoño, a la caída de la hoja, entran en reposo; para la salida de este es necesario acumular una determinada cantidad de frío invernal, variable con la especie y la variedad, que restaura la capacidad de la yema para crecer de nuevo. Esa cantidad de frío se expresa como el número de horas invernales por debajo de 7°C. El reposo normalmente finaliza en invierno, y las yemas pasan de nuevo a un estado de quiescencia hasta que las temperaturas primaverales sean favorables para el crecimiento.

Los diferentes estados de latencia pueden variar considerablemente en ambientes distintos, debido a la diferente proporción de inhibición endógena y exógena. En regiones con inviernos fríos el periodo de reposo termina pronto, pero las yemas permanecen quiescentes durante más tiempo por efecto de las bajas temperaturas. Por el contrario, en regiones con inviernos templados el periodo de reposo se prolonga y el estado de quiescencia, en ocasiones, no llega ni a ocurrir. En estas regiones, si no se cubren las necesidades de frío invernal se producen en el árbol una serie de anomalías, como el retraso y prolongación del periodo de floración y de foliación, reducción del número de yemas de flor que se desarrollan y, en consecuencia, una disminución de la producción y un retraso en la fecha de recolección. Una elevación de la temperatura durante el invierno contrarresta el frío acumulado hasta esa fecha, pudiendo ocasionar los trastornos descritos anteriormente.

La falta de frío invernal puede compensarse con aplicaciones de determinados compuestos químicos como tiourea (hoy no autorizada), cianamida y otros, con resultados variables dependiendo de la especie, el lugar y el tipo de invierno. En regiones sin estaciones diferentes, como en los trópicos, la defoliación antes de la entrada en reposo ha impedido éste, haciendo innecesaria la acumulación de frío para la brotación de las yemas.

Estimación de las necesidades de frío invernal

Las necesidades de frío invernal expresadas por el número de horas bajo 7°C presenta algunos problemas. Por un lado, no todas las temperaturas por debajo de un umbral, en este caso 7°C, producen el mismo efecto fisiológico y, por otro, el modelo no tiene en cuenta la anulación del frío acumulado por efecto de una elevación de la temperatura durante el reposo.

Estas consideraciones han sido tenidas en cuenta en otros modelos, como el de Utah (Richardson et al., 1974) y el de Bidabé (1965), entre otros (véase Fernández-Escobar, 2019), pero su empleo es muy limitado para evaluar las necesidades de frío invernal, por lo que el conteo de las horas de frío es, pese a los inconvenientes anteriores, la forma usual de expresar las necesidades de frío para la salida del reposo de las yemas de las especies frutales. Por ello, hay que tener presente que el método es válido para comparar las exigencias varietales en regiones con inviernos parecidos, y que los requerimientos pueden ser diferentes en zonas con inviernos distintos.

La suma de temperaturas no da por sí sola una estimación precisa de la fecha en la que el reposo ha cesado, pues otros factores climáticos como la lluvia, la niebla y la iluminación, y de otro tipo, como la influencia del patrón, pueden afectar directamente a la salida del reposo. La influencia de esos factores, sin embargo, no es bien conocida. Una revisión sobre el tema puede encontrarse en Campoy *et al.* (2011).

En esta práctica se pretende cubrir dos objetivos con el propósito de introducir al alumno en los conceptos de reposo invernal de yemas y en las técnicas experimentales para su estudio. Los objetivos son: 1) Determinación de la fecha de salida del reposo de las yemas de especies frutales de hoja caduca, al objeto de estimar la cantidad de frío invernal necesaria para que esto ocurra, y 2) Ruptura del reposo por la aplicación de productos químicos que compensan la falta de frío invernal.

Metodología

Determinación de la fecha de salida del reposo

Se utilizarán dos procedimientos para determinar la fecha de salida del reposo: 1) mediante la observación de la evolución del peso seco de yemas procedentes de ramos recogidos periódicamente de árboles en campo y forzados a crecer en cámaras o en invernadero, de acuerdo con el método desarrollado por Tabuenca (1968); y 2) mediante la determinación de la fecha en la que el 50 % de las yemas de esos ramos florecen.

En ambos casos se tomarán, de cada variedad en estudio, cinco ramos a intervalos de 15 días en noviembre y diciembre, y a intervalos semanales a partir de enero. Los ramos se colocarán en un recipiente con su extremo basal sumergido en agua, y se introducirán en una cámara de crecimiento o en el invernadero a 20°C durante una semana. Transcurrido ese tiempo, se anotará el porcentaje de yemas de flor brotadas y, a continuación, se tomarán 20 yemas de flor, se le quitarán las brácteas y el pedúnculo y se obtendrá el peso seco después de secarse en una estufa durante 24 h a 70°C.

Con los datos así obtenidos en cada fecha, se elaborarán dos gráficos que expresen el porcentaje de brotación y la evolución del peso seco de las yemas de flor, respectivamente. La fecha de salida del reposo viene indicada por un rápido aumento del peso seco de las yemas o por la fecha en el que el 50 % de las yemas hayan abierto a flor, según el procedimiento usado.

Las necesidades de frío invernal se determinarán por conteo del número de horas bajo 7 °C. La suma de temperaturas comenzará a la caída de las hojas (el día en el que el 50 % de las hojas hayan caído), cuando se estima que comienza el reposo invernal.

Ruptura del reposo por aplicación de productos químicos

Se seguirá el procedimiento utilizado por Fernández-Escobar y Martin (1987), utilizando cianamida de hidrógeno (CN_2H_2) como el agente que provoca la salida del reposo de las yemas. Para ello, se seguirá la metodología descrita anteriormente, de manera que de cada variedad en estudio se tomarán cinco ramos adicionales en cada fecha. Antes de ser forzados en la cámara o en el invernadero, estos ramos se sumergirán, hasta quedar completamente mojados, en una probeta de 1 L de capacidad conteniendo una solución acuosa de cianamida al 0,25 %; a esa solución se añadirá un agente mojante para favorecer la realización del tratamiento.

Transcurrido el tiempo de forzado, se anotará el porcentaje de yemas de flor y de madera brotadas. Con los datos obtenidos se elaborarán dos gráficos que expresen la evolución de los porcentajes de yemas fructíferas y vegetativas brotadas en cada fecha de muestreo, y se relacionarán con las horas de frío acumuladas hasta la fecha.

Bibliografía

Bidabé, B. 1965. L'action des temperatures sur l'evolution des bourgeons de l'entrée en dormance à la floraison. *96º Congres de la Societé Pomologique de France:* 51-66.

Campoy, J.A., Ruiz, D. y Egea, J. 2011. Dormancy in temperate fruit trees in a global warming context: A review. *Scientia Horticulturae,* 130: 357-372.

Fernández Escobar, R. 2019. *Plantaciones frutales. Planificación y diseño* (3ª ed.). Ediciones Mundi-Prensa, Madrid.

Fernández-Escobar, R. y Martin, R. 1987. Chemical treatments for breaking rest in peach in relation to accumulated chilling. *Journal of Horticultural Science,* 62(4): 457-461.

Richardson, E. A., Seeley, S.D. y Walker, D.R. 1974. A model for estimating the completion of rest of 'Redhaven' and 'Elberta' peach trees. *HortScience,* 9: 331-332.

SECH, 1999. *Diccionario de Ciencias Hortícolas.* Ediciones Mundi-Prensa, Madrid. 605 pp.

Tabuenca, M.C. 1968. Necesidades de frío invernal de variedades de albaricoquero. *Anales de Aula Dei,* 9: 10-24.

Definir o responder las siguientes cuestiones

- Desborre

- Dominancia apical

- ¿Puede una misma variedad florecer en épocas diferentes si se cultiva en zonas distintas? Justificar la respuesta.

Realización

A cada alumno se le asignará una variedad de una sola especie, sobre la que realizará los experimentos de acuerdo con la metodología descrita anteriormente.
Los resultados se reflejarán en los gráficos siguientes:

Determinación de la fecha de salida del reposo

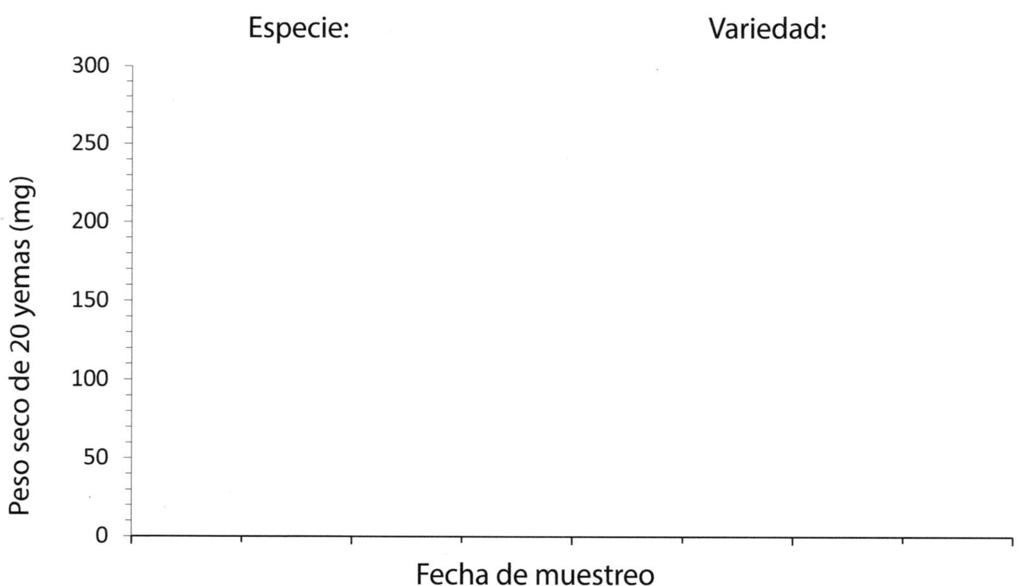

Acumulación de horas-frío

Evolución del número de horas bajo 7 ºC

Localidad:

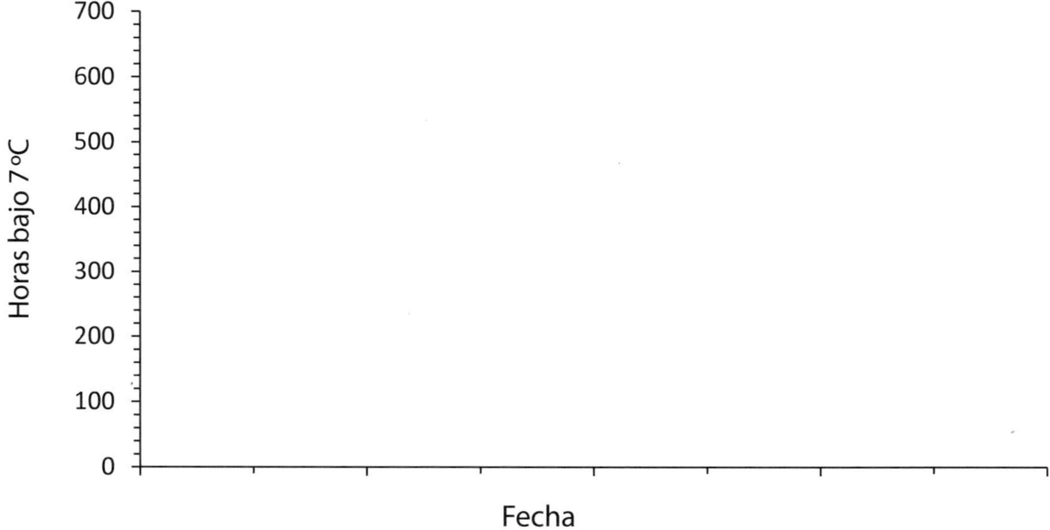

Fecha de entrada en reposo:

Fecha de salida del reposo:

- Según la evolución del peso seco:

- Al alcanzar el 50 % de brotación:

Necesidades de frío invernal para la salida del reposo

- Variedad en estudio:

- Otras variedades de la misma especie (determinadas por otros compañeros):

Ruptura del reposo por aplicación de productos químicos

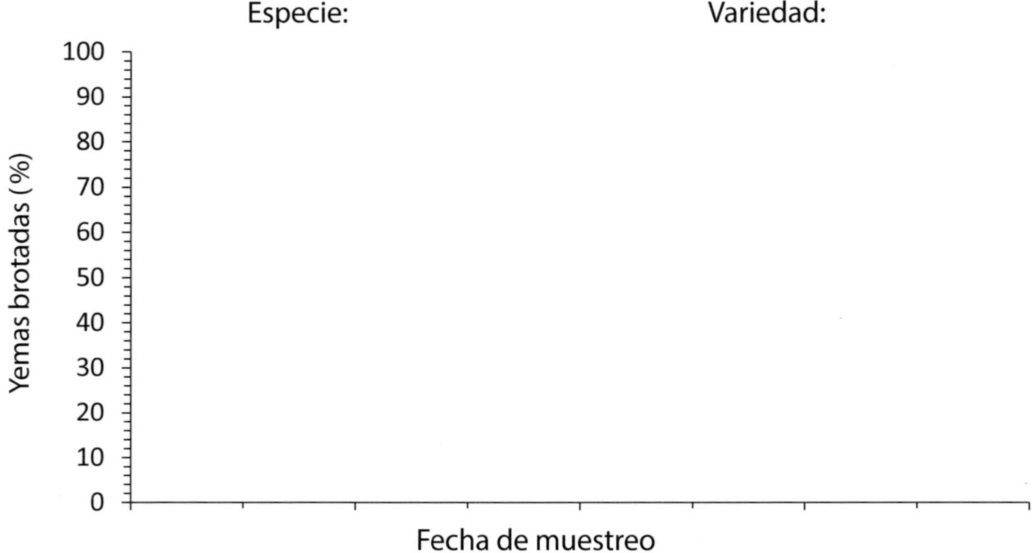

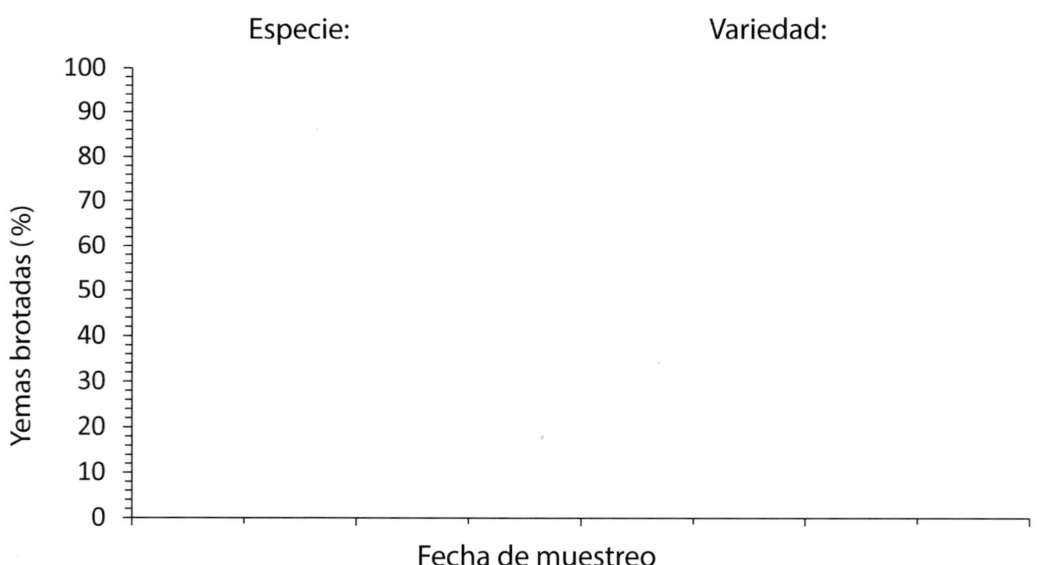

Fecha de salida del reposo y horas-frío acumuladas:

- Yemas fructíferas:

- Yemas vegetativas:

Discusión de los resultados

Propagación de frutales

Introducción

En los inicios de la civilización, el hombre aprendió a recoger semillas, no solamente para el consumo inmediato sino también para la siembra en la siguiente campaña. También observaron que algunas plantas se propagaban fácilmente por medios vegetativos como el estaquillado o el acodo, obteniendo plantas idénticas a la planta madre. Los árboles frutales no eran tan fáciles de propagar por esos métodos, hasta que alguien desconocido descubrió el injerto. Esto permitió propagar y preservar plantas útiles capaces de producir los mejores frutos.

La propagación de plantas tiene por objetivo la *"multiplicación de plantas realizada por el hombre de modo que se conserven las características correspondientes de las plantas madre en la descendencia"* (SECH, 1999). Puede ser sexual, por semillas, o asexual, a partir de órganos o fragmentos de órganos vegetativos, que pueden tener lugar naturalmente, como los estolones, o provocado artificialmente, como el estaquillado. En especies leñosas la *propagación sexual* tiene un interés limitado debido principalmente a la juvenilidad y la heterogeneidad, por lo que su uso está restringido a la propagación de determinados patrones; la planta, por otra parte, es más barata y presenta buen estado sanitario por no transmisión de virosis por este procedimiento. Excepcionalmente, en algunas especies el embrión puede formarse sin fecundación previa, fenómeno conocido como *apomixis*, dando lugar a embriones vegetativos idénticos a la planta madre, pero con características de los sexuales, como la juvenilidad y el estado sanitario. La *propagación asexual o vegetativa* mantiene el genotipo intacto y se utiliza en pomología para la propagación tanto de variedades como de patrones. Se fundamenta en la capacidad de las plantas de regenerar las partes perdidas. Sus ventajas e inconvenientes son los inversos de la sexual.

Los plantones, sea cual sea el método de propagación, deben cumplir los siguientes requisitos de calidad: buen crecimiento; identidad genética; y ausencia de patógenos.

Terminología

- *Variedad.* Grupo de plantas similares dentro de una especie, que difiere del resto por caracteres secundarios pero permanentes como, por ejemplo, la fecha de recolección.
- *Cultivar.* Variedad cultivada (contracción de *cultivated variety*).
- *Variedad población.* Variedad local que conserva a lo largo de generaciones un conjunto de características relevantes de interés agronómico.
- *Clon.* Conjunto de individuos genéticamente idénticos procedentes de un antepasado común. Con el tiempo el clon puede variar por *fluctuaciones* debidas a la acción del ambiente, por *variaciones* debidas a cambios genéticos (mutaciones, quimeras-mutaciones sectoriales), o infecciones (virus o micoplasmas que afectan a clones propagados durante mucho tiempo). Los virus y micoplasmas pueden permanecer en el clon como lo haría un cambio genético. Algunos pueden permanecer latentes, sin manifestar síntomas aparentes.
- *Patrón franco.* Patrón de semilla perteneciente a la misma especie que el injerto.
- *Patrón clonal.* El propagado vegetativamente y procedente de una misma planta.
- *Patrón intermediario.* Porción de tallo insertado entre patrón y variedad por medio de dos injertos. Se utiliza para evitar incompatibilidad, modificar el vigor o conferir tolerancia a patógenos o a factores abióticos.

Por último, el Código Internacional de Nomenclatura Botánica (CINB o ICBN) indica las normas para el nombre de las plantas. Como ejemplo, una variedad de una especie, en este caso el olivo, se puede nombrar de dos formas:

Olea europaea L. cv Picual   o   *Olea europaea* L. 'Picual'

Propagación por semilla

Las razones para propagar árboles frutales por semilla son dos: obtener patrones y producir híbridos. Las semillas para la propagación de patrones se pueden obtener de plantaciones comerciales, lo que ha sido habitual en melocotonero y albaricoquero, o de plantaciones específicas para la producción de semilla, cuyas plantas proceden de árboles seleccionados.

Almacenamiento

Una vez recogidos los frutos, hay que extraer la semilla, limpiarla y almacenarla hasta su empleo. Hay que tener en cuenta que la viabilidad de la semilla depende de la especie (desde unos días a varios años) y de las condiciones del almacenamiento, particularmente de la humedad. En general, las semillas de vida corta pierden viabilidad si la humedad es baja mientras que las de vida media o larga, la mayoría de las especies frutales, deben estar secas para un almacenamiento prolongado. La temperatura normalmente se requiere baja.

Germinación

Las semillas presentan latencia que es necesario romper para que puedan germinar. En especies frutales lo más frecuente es que presenten una latencia fisiológica, regulada por factores internos, que suele superarse por la exposición a frío húmedo. Las semillas suelen *estratificarse*, disponiendo alternativamente capas de arena húmeda y semillas en un cajón (Fig. 5). La temperatura óptima y la duración del frío varían según la especie entre 4-10º C y 0-160 días.

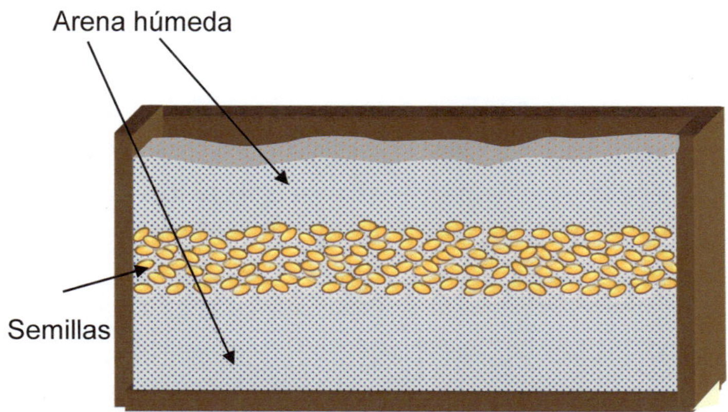

Fig. 5. Estratificación de las semillas para romper la latencia
(Cortesía de G. Gómez-Valledor)

Algunas semillas poseen cubiertas externas que pueden retrasar la germinación, pero que pueden reblandecerse por inmersión en agua caliente o con tratamientos mecánicos o químicos (*escarificación*). En ocasiones, algunas semillas presentan tanto la inhibición fisiológica como la inhibición por las cubiertas. El ABA parece ser un inhibidor de la germinación de las semillas, y la aplicación de GAs puede favorecer la germinación de semillas quiescentes.

Siembra

Después de la estratificación, de la escarificación o, en general, de los tratamientos dados para que las semillas puedan germinar, se procede a la siembra, que suele hacerse en primavera pues las temperaturas requeridas en la mayoría de las especies son de unos 15 ºC. La siembra se realiza normalmente en semillero, bien al aire libre o bajo techo y, eventualmente, en camas calientes.

La densidad de siembra depende de la especie, pero normalmente se siembran a unos 15-20 cm de distancia dentro de una fila o más en el caso del nogal por el tamaño grande. A veces se siembran a mayor densidad para luego aclarar a esas distancias. La profundidad de siembra suele ser de 2-4 veces el grosor de la semilla. Las semillas deben tener los cuidados generales, como riego frecuente, limpieza de malas hierbas, etc.

Ha sido normal, a veces, la siembra directa en el vivero, guardando espacios de 1,20 m entre surcos.

Acodo

El acodo consiste en enraizar un tallo que permanece unido a la planta madre. Una vez enraizado, se separa de la planta madre para formar una nueva planta. Se utiliza cuando no es posible la propagación por estaquillado, por lo que está limitado a pequeños frutos que lo forman naturalmente, al avellano y algunos patrones de manzano y de frutales de hueso. En general, es más caro por su escasa productividad, no mecanización y dificultad en el trasplante por el tamaño de la planta.

La formación de raíces en el acodo se favorece por varios tratamientos, particularmente por la ausencia de luz (*etiolación*), la incisión anular o el anillado, pues bloquea el movimiento de hidratos de carbono, hormonas y otros compuestos, de manera que las raíces se producen justo por encima del tratamiento. La aplicación de reguladores que estimulen el enraizamiento y los cuidados culturales facilitan el acodado.

Hay varios tipos de acodo, que se describen a continuación.

Acodo de punta. Consiste en enterrar la parte apical de las ramas en crecimiento; la punta de la rama vuelve a crecer de nuevo hacia arriba y en el codo se producen las raíces. Suele utilizarse en pequeños frutos a finales de verano.

Acodo simple. Consiste en doblar una rama hasta el suelo, cubriéndola con tierra o sustrato, y dejando al descubierto su extremo apical. Se suele usar en avellano. El acodo se mantiene con estacas o alambres y con tutores para mantener erguido el extremo vertical. Se realiza a comienzos de primavera con ramas en reposo del año anterior o retrasarlo hasta que las ramas del año tengan longitud y consistencia. Suelen emplearse ramas bajas.

Acodo de corte y recalce. Consiste en rebajar la planta madre casi al nivel del suelo en invierno y aporcar en la estación siguiente para cubrir progresivamente los brotes conforme vayan creciendo. Utilizado en manzano, grosellero y otros. La planta madre puede vivir varios años (10 o más) y se plantan a 1-2,4 m x 30-45 cm. A la caída de hojas pueden obtenerse los patrones enraizados.

Acodo en trinchera. Consiste en cultivar una planta o rama en posición horizontal en el fondo de una trinchera que se cubre con tierra para tapar los nuevos brotes que van apareciendo. Se utiliza en frutales de hueso, avellano y otros. Las plantas se disponen como en corte y recalce, con mayor separación entre plantas, que se rebajan a 50-60 cm. La zanja se abre a unos 5 cm de profundidad y allí se sostiene la planta tumbada con ayuda de estacas y alambres. Antes del desborre se cubren las plantas con tierra, y se va aportando tierra conforme crecen los brotes hasta que en verano tienen cubiertos los 15-20 cm basales. Al final de la estación de crecimiento se sacan las plantas enraizadas y las que no lo han conseguido se dejan para doblarlas y rellenar huecos o rejuvenecer.

Acodo aéreo. Consiste en hacer una o dos incisiones y separarlas del tallo, o eliminar la corteza, recubrir con sustrato poroso y film de plástico opaco para mantener la humedad. En 2-3 meses se pueden ver las raíces, se corta por debajo del acodo y se planta. Poco utilizado en fruticultura, salvo que no exista otro procedimiento.

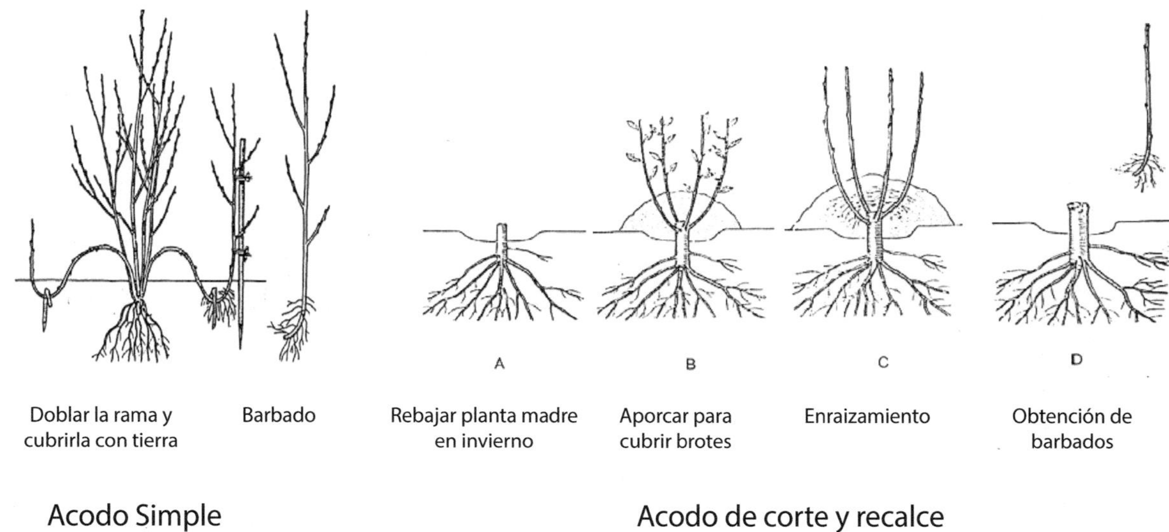

Fig. 6. Tipos de acodo más empleados en fruticultura

Sierpes

Una sierpe (hijuelo, pollizo) es un brote que surge de una yema adventicia de la raíz o del cuello de los árboles (Fig. 7). En las especies con tendencias a producirlas, se puede excavar donde aparezca una sierpe y trasplantarla. Ha sido tradicional la propagación por sierpes de algunos ciruelos, conocidos como Pollizos.

Fig. 7. Brotación de sierpes (Cortesía de G. Gómez-Valledor)

Estaquillado

El estaquillado es la propagación de una planta a partir de un fragmento de esta (estaquilla o estaca), que procede del tallo, de la raíz o de una hoja. Las más comunes en frutales son las procedentes de la parte aérea, por lo que se trata de que se inicien y desarrollen raíces debido a la capacidad de muchas células de retornar a la condición meristemática y de producir raíces, tallos y hojas.

Es el método más importante de propagación de patrones y plantas ornamentales por ser un método de propagación vegetativa, rápido y sencillo, con lo que se pueden obtener muchas plantas de pocas plantas madre, relativamente a bajo coste y mecanizable.

Las estacas de tallo tienen yemas axilares que, en definitiva, son primordios de nuevos tallos, con hojas, de forma que el órgano que hay que regenerar es la raíz. La capacidad de enraizamiento de las estaquillas varía ampliamente entre especies y entre variedades y en ello influyen varios factores como la juvenilidad, que favorece el enraizamiento, la polaridad, pues las estaquillas enraízan por la parte basal y no por la apical, la ausencia de luz (etiolación), el estado nutritivo, el tipo de madera y, particularmente en las estaquillas difíciles de enraizar, el tratamiento en la base con auxinas, particularmente el ácido indolbutírico (AIB o IBA).

Dependiendo de la edad y la consistencia del material vegetal, podemos considerar tres tipos de estaquillas de tallo: de madera dura, semileñosas y herbáceas, que dan lugar a los siguientes tipos de estaquillado:

Estaquillado leñoso. Se utilizan las estaquillas de madera dura que corresponden a fragmentos de tallo bien lignificados, de madera de un año o más, sin hojas y de una longitud entre 10 y 70 cm. Pueden enraizarse en ambiente protegido o en pleno campo. Dependiendo de la especie y su facilidad de enraizamiento, se manejan de forma diferente. Las más fáciles de enraizar se toman en otoño, una vez que han entrado en reposo, y se almacenan hasta la primavera en un lugar húmedo y frío en arena, serrín, etc. Si el clima es benigno, se pueden plantar directamente en otoño. En especies difíciles de enraizar, las bases de las estaquillas se tratan con IBA a 2.500-5.000 ppm (disuelto en alcohol 50 %) durante 5 seg. y se colocan verticales en sitio húmedo y con calor de fondo a 18-21 ºC, con la parte superior al aire.

Estaquillado semileñoso. Utiliza las estaquillas semileñosas que se toman de tallos escasamente lignificados, de crecimiento del año, con hojas y una longitud de 7 a 15 cm., cortando justo por debajo de un nudo, evitando ramas muy tiernas y dejando hojas en la parte superior; si son grandes se cortan porciones de limbo. Las bases se tratan con IBA de forma similar a la descrita anteriormente, se pinchan en bandejas con alveolos rellenos de sustrato (o directamente en una cama de perlita) y se colocan en una cámara de nebulización que humedece unos 5-10 seg. cada 10-15 min. y con calor de fondo a unos 25 ºC. Una vez formadas las raíces, normalmente a los 2 meses, se trasplantan y se mantienen en condiciones de invernadero o umbráculo para su endurecimiento.

Estaquillado herbáceo. Las estaquillas herbáceas proceden de tallos en crecimiento activo, tienen hojas y tallos tiernos y se deben disponer en camas con dispositivos de control de humedad y calor de fondo similares a las estaquillas semileñosas. Suelen formar raíces entre las 2 y 5 semanas.

Injerto

El injerto es la conexión de dos porciones de la misma o diferentes plantas, de manera que se unan y, posteriormente, crezcan y se desarrollen como una sola planta. Hay numerosas razones para injertar, como propagar variedades difíciles por otros métodos; cultivar en medios desfavorables, al utilizar un patrón adecuado; controlar del crecimiento, como sucede con los patrones clonales de manzano; cambiar de variedades en plantaciones establecidas; o proveer polinizadores adecuados en casos de mala elección al realizar la plantación.

La soldadura se produce al establecer un contacto íntimo, normalmente mediante atado, entre las regiones cambiales de ambos individuos, en momentos de temperatura que favorezca la actividad cambial (12-32 °C) y con humedad adecuada. Se produce y entrelazan las células parenquimatosas del callo produciendo un nuevo cambium que une patrón e injerto. La conexión debe realizarse antes de la brotación, para evitar la desecación. Es necesaria cierta actividad cambial en el patrón para que se desprenda la corteza con facilidad, pero las yemas del injerto deben estar latentes. En general, cuanto más afines botánicamente sean las plantas a injertar, mayores son las posibilidades de prendimiento.

Hay muchos tipos de injerto, pero básicamente se pueden dividir en injertos de púa e injertos de yema, dependiendo del material a utilizar.

Injerto de púa. En este tipo de injerto se utiliza un fragmento de tallo con yemas en dos o más nudos. Se realiza a finales de invierno o comienzos de primavera, eventualmente en otoño, por lo que es necesario usar púas del año anterior. Las púas suelen tomarse de madera de un año, vigorosa, evitando yemas de flor. La madera para las púas se debe almacenar formando haces, conservándolas en serrín u otro material, con ligera humedad y temperatura de 5-10 °C para almacenamiento de 2-3 semanas, o de 0 °C para más largos (1-3 meses).

Existen muchas modalidades de este tipo de injerto. El *injerto inglés* (Fig. 8) utiliza material relativamente pequeño (0.5-1,5 cm Ø), preferiblemente con el mismo grosor que el patrón. Se consigue un buen prendimiento.

Fig. 8. Injerto inglés (Cortesía de G. Gómez Valledor)

En el *injerto de corona* (Fig. 9) las púas se insertan bajo la corteza del patrón, proporcionando un contacto cambial máximo. Muy útil para el sobreinjerto de numerosas especies. Pueden utilizarse ramas de 2,5-30 cm Ø o más. Se practica a comienzos de primavera, cuando la corteza se desprende bien. En especies cuya madera se parte con facilidad, también se utiliza el *injerto de hendidura*. Se realiza una hendidura vertical de 5-7,5 cm de profundidad en el centro de la rama y se insertan dos púas, una a cada lado de la rama.

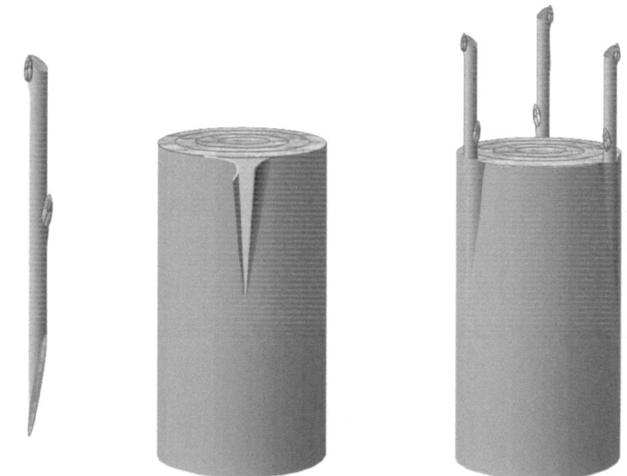

Fig. 9. Injerto de corona (Cortesía de G. Gómez Valledor)

Injerto de yema. Se utiliza una yema con una pequeña sección de corteza, con o sin madera. Es el más usual en vivero por su economía, sencillez, seguridad y rapidez. El injerto de otoño (también conocido como injerto a ojo dormido) suele realizarse desde mediados de verano hasta el otoño con yemas tomadas al mismo tiempo de injertar. En 2-3 semanas prende el injerto y la yema queda latente hasta la próxima estación. El injerto de primavera (también conocido como injerto a ojo velando) se realiza en marzo-abril y las ramas con yemas deben cogerse en reposo y almacenarse a 0-4 °C envueltas en material húmedo. Suele utilizarse para los injertos que no prendieron en otoño.

El *injerto en T* o *de escudete* es el más común (Fig. 10). En el patrón se hace un corte en T y la yema con corteza se inserta en la T entre la corteza y la madera. Se ata y se elimina la atadura a los 10-15 días.

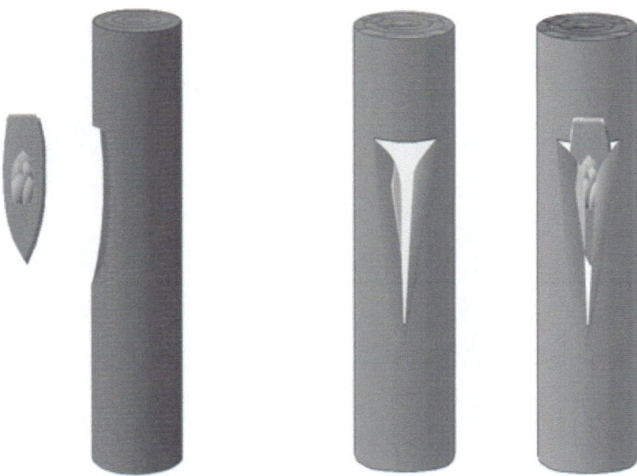

Fig. 10. Injerto en T o de escudete. A la izquierda vareta de la que se obtiene la yema, en el centro incisión en T sobre el patrón y a la derecha inserción de la yema (Cortesía de G. Gómez Valledor).

El *injerto de astilla* o *chip budding* (Fig. 11) se utiliza en épocas donde la corteza no se desprende bien, a comienzos de primavera o en verano si ha cesado el crecimiento. La yema incluye corteza y madera y se aloja en una muesca igual practicada en el patrón. Fácil de realizar y con buen prendimiento.

Fig. 11. Injerto de astilla o *chip budding*. A la izquierda muesca practicada en el patrón, en el centro colocación de la yema con madera y a la derecha el atado.

El *injerto de parche* (Fig. 12) es más lento y difícil pero útil en especies de corteza grue-sa. Se saca del patrón un trozo de corteza rectangular y se reemplaza por otro igual con la yema.

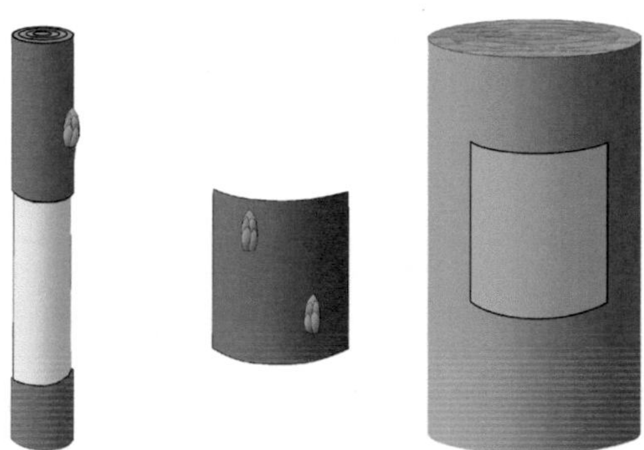

Fig. 12. Injerto de parche. A la izquierda se muestra la variedad de donde se ha extraído un trozo de corteza con yemas (centro) que se incrustará en la parte descortezada del patrón (derecha). (Cortesía de G. Gómez Valledor)

Cultivo *in vitro*

La micropropagación o cultivo *in vitro* es una técnica para cultivar y propagar plantas en un medio artificial y en condiciones asépticas partiendo de propágulos de tamaño muy reducido. Las plantas crecerán en un medio generalmente semisólido, en estado de gel, en el que disponen de todas las sales minerales necesarias, hormonas y otros com-puestos orgánicos como vitaminas o aminoácidos. Se cultivan en cámaras con luz artifi-cial de intensidad y fotoperiodo concretos, pero se desarrollan de forma prácticamente heterótrofa, con capacidad de fotosíntesis muy reducida, por lo que hay que poner a su disposición una fuente hidrocarbonada, generalmente sacarosa.

El sistema en principio es muy complejo, hay que ajustar muchas variables fisioló-gicas que en los cultivos tradicionales serian regulados por la misma planta, pero una vez que se ha puesto a punto para un caso concreto se obtiene una capacidad de multiplica-ción muy elevada a unos costes aceptables.

Mediante el cultivo *in vitro* pueden realizarse multitud de procesos, pero se expo-nen sólo los que tienen importancia en la propagación de frutales. El método más ge-neralizado consiste en tomar *explantos* (pequeños fragmentos) de tallo uninodales, ini-ciarlos en cultivo de forma aséptica en el medio de cultivo y, una vez que éstos crecen, volver a dividirlos en fragmentos como los explantos iniciales, repitiendo el proceso varias veces (Fig. 13). La multiplicación es exponencial y en pocos meses se pueden obtener decenas de miles de plantas. Una vez que se ha obtenido un número suficiente de indivi-duos, en 5-7 repeticiones, hay que inducir la formación de raíces y llevarlos a una fase de aclimatación hasta que se adapten a las condiciones de cultivo *ex vitro* (Fig. 14). Las plantitas obtenidas son de pequeño tamaño y deben pasar un ciclo de crecimiento en vivero.

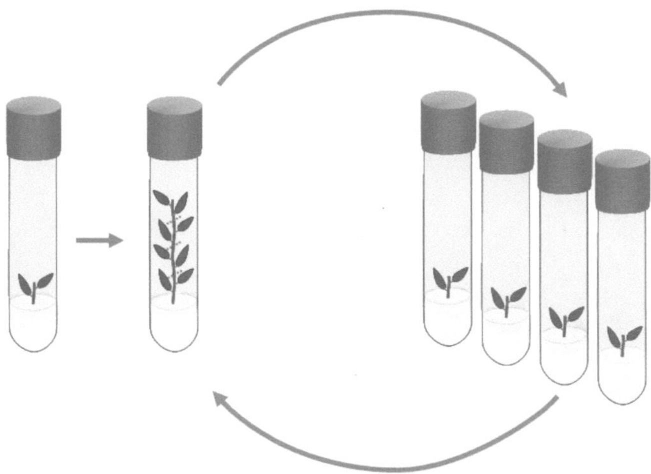

Fig. 13. Inicio del cultivo con explanto tomado de la planta madre. Una vez desarrollado se divide en varios propágulos y se repica a nuevos tubos. Se repite el proceso varias veces.

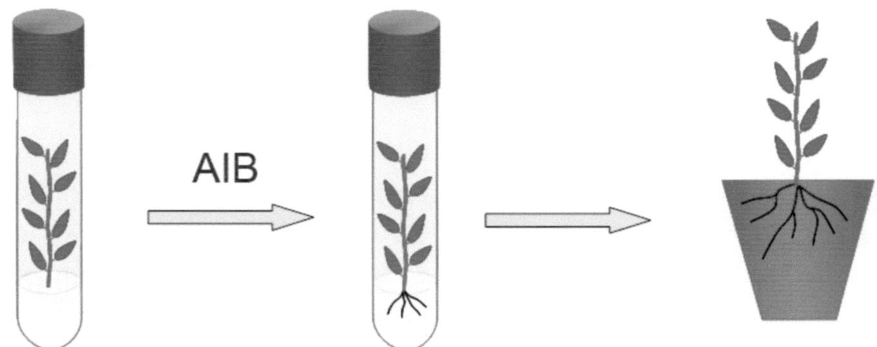

Fig. 14. Concluida la fase de multiplicación se induce la rizogénesis mediante una auxina.

Se repica a un contenedor con sustrato sólido, manteniéndolo con alta humedad durante la fase de endurecimiento.

Bibliografía

Hartmann, H.T. y Kester, D.E. 1991. *Propagación de plantas. Principios y prácticas.* C.E.C.S.A. México.

Sociedad Española de Ciencias Hortícolas. 1999. *Diccionario de Ciencias Hortícolas.* Mundi-Prensa, Madrid. 605 pp.

Toogood, A. 2000. *Enciclopedia de la propagación de las plantas.* Blume. Barcelona.

Definir los siguientes conceptos

- Cambium

- Estaquilla

- Franqueamiento

Realización

Se realizarán dos sesiones de prácticas. En la primera se realizará la propagación de olivo mediante estaquillado semileñoso y en la segunda se realizará la propagación de frutales por estaquillado leñoso, conforme se ha descrito anteriormente. En ambos casos, se requiere describir las siguientes operaciones realizadas:

Estaquillado semileñoso

1. Especie propagada:

2. Recolección del material:

3. Preparación de las estaquillas:

4. Tratamientos de las estaquillas:

5. Plantación:

   5.1. Instalaciones:

   5.2. Condiciones ambientales:

   5.3. Sustrato:

   5.4. Manejo de las estaquillas:

6. Enraizamiento obtenido (semanas después de la práctica, se determinará el porcentaje de estaquillas enraizadas)

Estaquillado leñoso

1. Especie propagada:

2. Recolección del material:

3. Preparación de las estaquillas:

4. Tratamientos de las estaquillas:

5. Plantación:

    5.1. Instalaciones:

    5.2. Condiciones ambientales:

    5.3. Sustrato:

    5.4. Manejo de las estaquillas:

6. Enraizamiento obtenido (semanas después de la práctica, se determinará el porcentaje de estaquillas enraizadas)

Comentarios
(realizar una discusión breve sobre el procedimiento y los resultados obtenidos en la práctica)

Plantación

Introducción

La plantación consiste en reproducir en el campo el diseño de la misma expresado en el plano previamente elaborado, y proporcionar a los plantones las condiciones y los cuidados necesarios para asegurar un buen anclaje en el terreno. Esto permitirá un rápido desarrollo de los árboles con el mínimo de pérdidas y, consiguientemente, una entrada en producción más rápida.

La época más favorable para realizar la plantación depende del clima de la zona y de las condiciones de crecimiento en el vivero, pero, en general, debe realizarse cuando el árbol se encuentre en reposo, pues puede manipularse sin que sufra daños de importancia o llegue a secarse si media mucho tiempo entre el arranque en el vivero y la plantación en el terreno definitivo. Con todo ello, se dispone desde finales de otoño hasta comienzos de primavera para realizar la plantación.

Con independencia de los tipos posibles de plantación, ésta comprende operaciones como el replanteo, la apertura de hoyos, la colocación de tutores si son necesarios y la colocación de los árboles en el terreno. Además de ello, hay que decidir el tipo de plantón a emplear y tomar medidas en su recepción antes de la plantación para evitar pérdidas por heladas o desecación. Una descripción detallada de todas esas operaciones se encuentra recogida en Fernández-Escobar (2019), a cuya obra se remite al lector para la realización de esta práctica.

Brevemente, el replanteo consiste en señalar la posición de cada árbol en el terreno, operación bastante sencilla que puede hacerse manualmente con la ayuda de cuerdas y jalones o, en caso de parcelas mayores, con la ayuda de un taquímetro o con un tractor guiado por GPS. En la posición señalada con estacas, con un puñado de cal o por el cruce de los surcos marcados con el apero unido al tractor guiado por GPS, se abren los hoyos que deberán tener unas dimensiones lo suficientemente grandes como para alojar el sistema radical de los plantones sin que sea necesario una poda excesiva de raíces. Si el terreno se ha preparado anteriormente con labores en toda la superficie, el tamaño del hoyo puede ser el justo para albergar las raíces y, en caso contrario, es conveniente realizar la apertura de grandes hoyos que permitan un desarrollo rápido de las mismas. Los hoyos pueden abrirse manual o mecánicamente con una ahoyadora o con una retroexcavadora. Si se utiliza una ahoyadora, es conveniente romper las paredes del hoyo con una azada antes de la plantación para eliminar la posible suela de labor vertical que se forma con el uso de ese apero, particularmente si el terreno es pesado y está húmedo.

Los plantones ideales para la plantación son los de un año de injerto, pues se reduce el número de marras en comparación con un plantón de mayor edad, y tienen un crecimiento más rápido, lo que permite conseguir antes la formación del árbol. Estos plantones normalmente se transportan a raíz desnuda, salvo en plantas de hoja perenne o si el transporte se realiza durante el periodo de crecimiento, en cuyo caso deberían transportarse con cepellón. En cualquier caso, una vez recibidos deben protegerse de la desecación y de las heladas hasta el momento de la plantación.

Los árboles deben plantarse a la profundidad que se encontraban en el vivero, con la unión del injerto fuera del suelo para evitar el franqueamiento. Una vez plantados, y apisonada bien la tierra alrededor del plantón, se da la primera poda y se hace una cubeta de riego para aplicar, después de plantar, unos 50 L de agua por árbol con el objetivo de favorecer el contacto de las raíces con la tierra.

El objetivo de esta práctica es familiarizar al alumno con las operaciones propias que se llevan a cabo en el establecimiento de una plantación frutal.

Bibliografía

Fernández Escobar, R. 2019. *Plantaciones frutales. Planificación y diseño* (3ª ed.). Ediciones Mundi-Prensa, Madrid.

Definir o responder las siguientes cuestiones

- Plantación a ojo dormido

- Ventajas e inconvenientes de las plantaciones según curvas de nivel.

- ¿Puede influir la climatología de una zona en la época más favorable para realizar la plantación? Justificar la respuesta.

- En qué casos exigiría que los plantones los enviasen con cepellón. ¿Por qué?

- ¿A qué profundidad plantaría los árboles? ¿Por qué? ¿Qué efectos tendría una plantación más superficial o más profunda que la óptima?

- ¿Qué opinión le merece el empleo de la regla de plantar?

- ¿Qué objetivo se persigue con la poda de raíces antes de plantar y en qué consiste?

- ¿Qué pretende el abonado de fondo y en que época lo realizaría?

- Precauciones que deben tenerse a la recepción de los árboles para la plantación.

- En qué consiste la replantación y qué problemas presenta.

- Describir detalladamente las operaciones que realizaría con posterioridad a la plantación para asegurar una rápida entrada en producción con el mínimo de pérdidas.

Realización

La realización de la práctica dependerá de las posibilidades para la misma en cada curso académico. Puede realizarse en grupos de 3 alumnos y consistiría en realizar el replanteo y, de ser posible, la plantación en una parcela pequeña, o de la visita a una plantación comercial en la que se observaría el método seguido para la misma. Finalizada la plantación cada alumno completará la ficha siguiente.

PLANTACION EN ....

Especie:

Variedad/patrón:

Marco de plantación:

Labores preparatorias realizadas:

Método de replanteo:

Método de ahoyado:

Tutorado:

Estudio físico y sanitario de los plantones:

Preparación de los árboles:

Manipulación de los árboles tras la plantación:

Otras observaciones:

Discusión (Realizar los comentarios oportunos sobre la plantación realizada)

Poda de formacion

Introducción

La poda de formación es una técnica que consiste en regular la forma natural de los árboles mediante cortes u otros procedimientos. Su objetivo es construir un armazón o esqueleto con suficiente solidez mecánica para que soporte las futuras cosechas y en una forma tal que permita una mejor penetración de la energía solar. Esto se consigue mediante la elección de ángulos de inserción de las ramas adecuados (Fig. 15), evitando ángulos agudos, el entrecruzamiento de ramas y el desequilibrio entre las distintas partes del árbol.

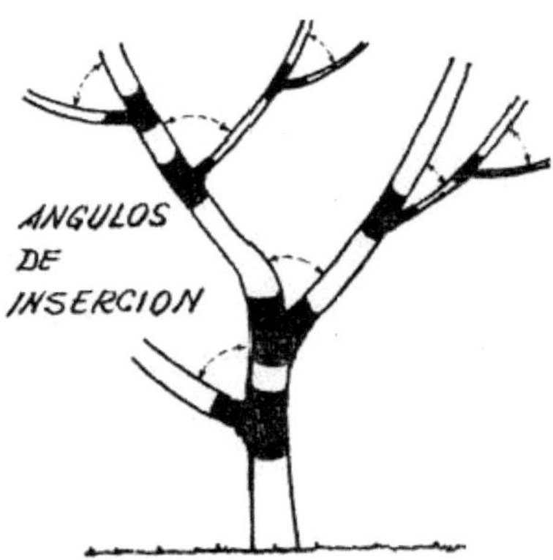

Fig. 15. Ángulos de inserción adecuados para conseguir un esqueleto robusto
(Cortesía de M. Cambra)

Las formas que pueden adoptar los árboles frutales son muy variadas y dependen de la tendencia natural de la especie, del sistema de cultivo que se adopte y de la aptitud de la especie a la modificación de su forma natural. Así, mientras los frutales de pepita pueden formarse con éxito en varios sistemas, que incluyen formas en volumen y formas planas, y con distinta intensidad de plantación, los frutales de hueso, por lo general, se adaptan mejor a las formas en volumen en plantaciones de más baja densidad.

Con independencia de la forma que puedan adoptar los árboles, todas las formas dirigidas tienen unos elementos comunes, como la presencia de un tronco, la jerarquía entre ramas y la formación de pisos, aunque algunos sistemas no guardan totalmente la regularidad. El *tronco* es el tallo principal de los árboles, que en muchos sistemas termina cuando se alcanzan las primeras ramificaciones. La tendencia actual es a la formación de árboles con tronco bajo, por su rapidez de formación y facilidad de cultivo al acercar las ramificaciones al suelo y, en consecuencia, al acceso del hombre. En aquellas especies cuya recolección se realice mecánicamente por vibración es necesario, no obstante, formar un tronco alto, de 1 m aproximadamente sobre el suelo, para que pueda acoplarse el vibrador. Asimismo, en formaciones especiales, como el parral, se hace necesario el establecimiento de un tronco de unos 2 m de altura.

El mantenimiento de una *jerarquía* entre las ramas de los árboles es uno de los principios básicos de la poda de formación, pues permite mantener un equilibrio de la vegetación que favorece la penetración de la luz y la disposición de los órganos fructíferos distribuidos regularmente por toda ella. La Fig. 16 muestra el orden jerárquico de ramas en dos sistemas de formación diferentes, uno en volumen y una forma plana.

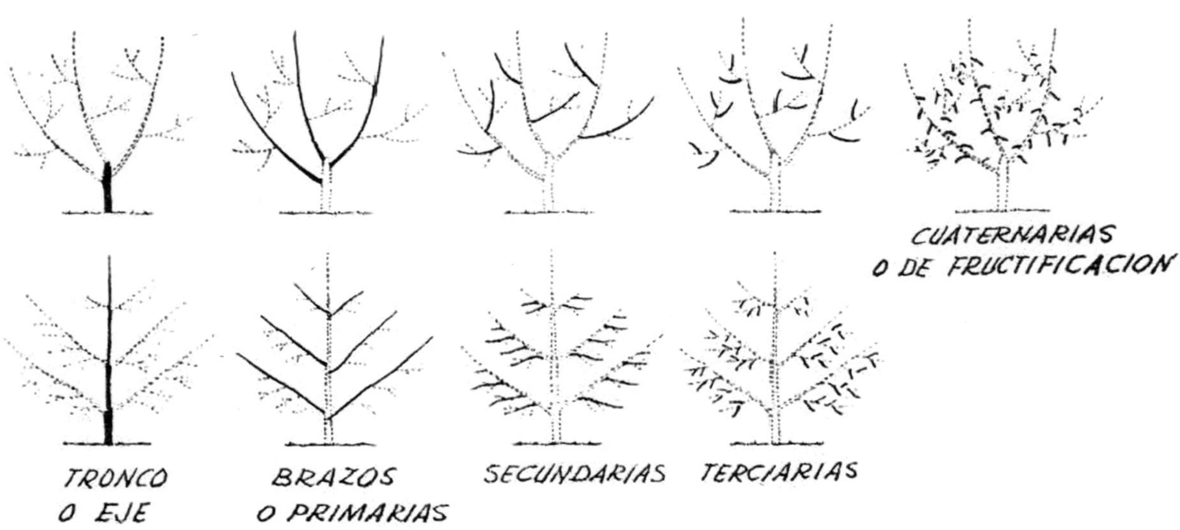

Fig. 16. Jerarquía de las ramas en una formación en vaso (arriba)
y otra en palmeta (abajo) (Cortesía de M. Cambra)

Los sistemas de formación, salvo excepciones, están formados por *pisos* (Fig. 17) que, dispuestos convenientemente, evitan el entrecruzamiento de ramas en el árbol y favorecen la iluminación. La regularidad de los pisos varía con el sistema y en algunos se distribuyen de una forma irregular, aunque manteniendo sus características.

Fig. 17. Formación de pisos en una pirámide (izquierda),
una palmeta Ferragutti (centro) y una palmeta italiana (derecha).

Clasificación de los sistemas de formación

Los sistemas de formación se han clasificado utilizando diversos criterios. Desde el punto de vista de la plantación y de la poda, la clasificación basada en el sistema de ramificación parece más adecuada. Según este criterio, los sistemas se clasifican en tres grandes grupos (Fig. 18):

Formas en volumen. Son aquellas formaciones en las que, respetándose o no las tendencias naturales del árbol, éste toma un aspecto globoso, piramidal o cilíndrico según el sistema. Las formas en volumen pueden formarse con el centro abierto, como el vaso y el epsilon, o con un eje central, como la pirámide, el spindelbush y el eje central.

Fig. 18a. Formación en vaso (izquierda) y en eje central (derecha)

Formas planas. En estas formaciones se fuerza la tendencia natural de crecimiento del árbol hasta llevar las ramificaciones hacia un mismo plano. Generalmente se componen de un eje central en el que se insertan las ramificaciones formando ángulos diferentes según el sistema. Suelen requerir un soporte o espaldera para guiar la formación, que se dispone en la dirección de la hilera. Para su formación se recurre a la inclinación de las ramas (palmetas), al arqueado de las mismas (sistema Lepage) o a la plantación inclinada (sistema Marchand).

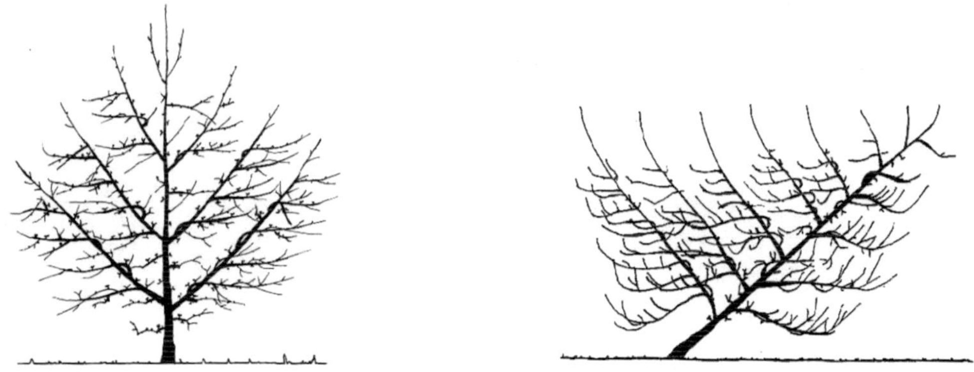

Fig. 18b. Formación en palmeta (izquierda) y en Marchand o Drapeau (derecha)

Las formas planas son formaciones más evolucionadas que la mayoría de las formas en volumen, y surgieron con el objetivo de conseguir mayor intensificación del cultivo frutal. En los frutales de pepita estuvieron ligadas a la obtención de patrones enanizantes. Entre sus ventajas destacan la facilidad de cultivo, la precocidad de fructificación en algunos casos y la facilidad de la poda, aunque algunos sistemas en volumen presentan también estas características.

Formas especiales. En este grupo se incluyen los sistemas de formación no incluidos en los grupos anteriores. El sistema más extendido es la formación en parral, de amplio uso en uva de mesa y en la actinidia.

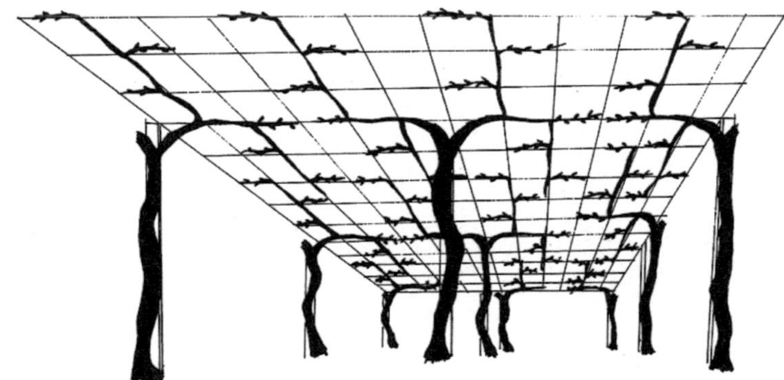

Fig. 18c. Formación en parral

Las tendencias en la poda de formación han evolucionado en el tiempo. De las formaciones totalmente libres se pasó, a finales del siglo XIX y durante el siglo XX, a formaciones dirigidas modificando la tendencia natural de crecimiento del árbol. En la actualidad se tiende de nuevo a cierta libertad de formación, en la que priman la simplificación y la rapidez de la operación. El desarrollo de la poda mecánica responde a esta nueva tendencia en la poda de formación de los árboles frutales.

Esta práctica trata de introducir al alumno en los criterios y en la forma de realización de la poda de los árboles frutales y, en particular, la que se realiza desde la plantación hasta que el árbol alcanza su tamaño definitivo.

Metodología

La poda ha sido una actividad eminentemente empírica. La distinción entre buenos o malos podadores responde precisamente al empirismo de esta práctica, en la que la habilidad y el criterio del podador han sido considerados como el eje del éxito o fracaso de una plantación. No obstante, hay criterios generales para la ejecución de la poda que, utilizados adecuadamente, conducen a la formación deseada del árbol. Las principales *operaciones de poda*, que habrá que combinar en cada caso concreto para obtener la respuesta deseada, son las siguientes (Fig. 19).

Aclareo de ramos. Consiste en la eliminación parcial de ramos de un año que provoca en la rama en la que se practica un mayor crecimiento de los que quedan, el alargamiento del brote terminal, la brotación de yemas latentes, una disminución del número de frutos, pero un aumento de tamaño en los que permanecen (siempre que se acompañe de un aclareo posterior de frutos en algunas especies).

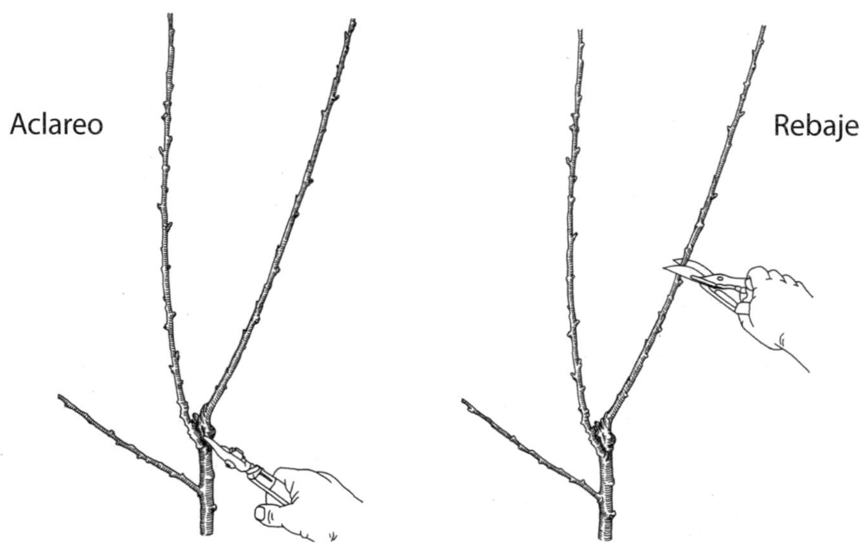

Fig. 19 a. Aclareo y rebaje de ramos

Rebaje de ramos. Consiste en la eliminación del tercio apical de un ramo con el objetivo de reducir su vigor e inducir ramificación por debajo del corte. Si el rebaje es severo, eliminado los dos tercios apicales del ramo, se le denomina *terciado*, y provoca efectos más severos.

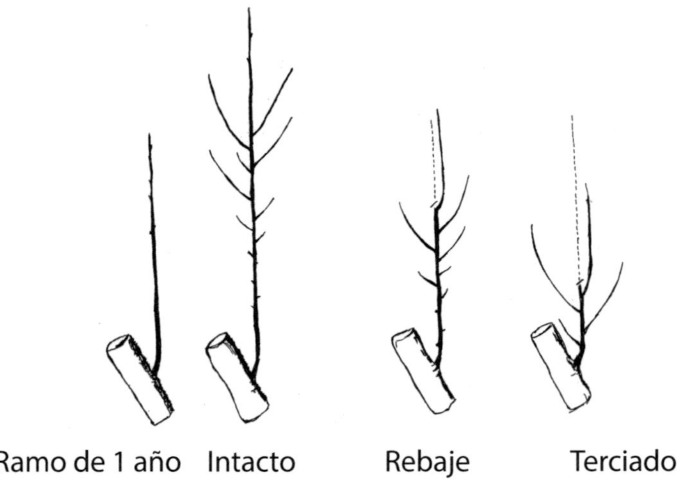

Fig. 19b. Rebaje y terciado de ramos de un año al año siguiente a su ejecución.

Rebaje de ramos de gran tamaño. Cuando el rebaje se produce en ramos de gran tamaño, como en ramas principales, troncos, etc., el efecto que se genera es una brotación vigorosa de yemas latentes próximas al corte que, con el tiempo, hace que se produzca una inversión en el desarrollo normal de la vegetación como se muestra en la figura, provocando sombreamientos en las partes bajas del ramo rebajado con la consiguiente disminución del crecimiento y de la producción.

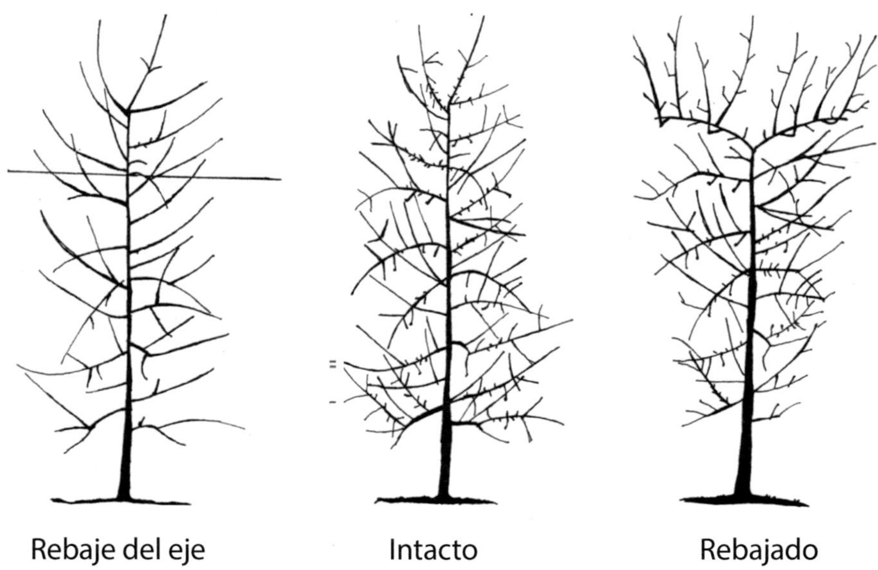

Fig. 19c. Rebaje de ramos de gran tamaño y su efecto a largo plazo

Inclinaciones y arqueados de ramos. Consiste en inclinar un ramo respecto a la vertical o en curvarlo y mantenerlo de ese modo mediante ataduras a un soporte o espaldera, con el objetivo de disminuir su vigor, distribuir su ramificación y, en pomáceas, inducir fructificación.

Fig. 19d. Inclinaciones y arqueado de ramos.

Incisiones. Consiste en la realización de un corte transversal o entalladura aplicado a un tallo hasta la zona cambial. Realizado sobre una yema o un ramo favorece su crecimiento por eliminación de la dominancia apical, y realizado bajo una yema o ramo lo debilita.

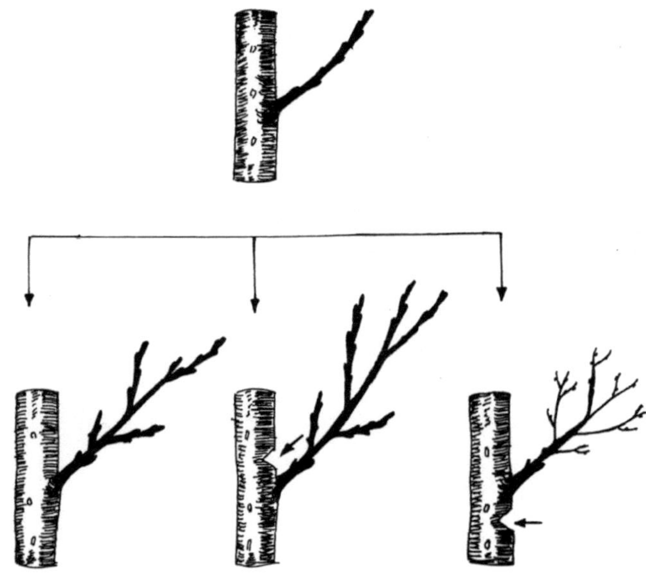

Fig. 19e. Incisiones o entalladuras por encima o por debajo de un ramo.

Anillado. Consiste en el descortezado anular del tronco o de las ramas de los árboles, lo que provoca la interrupción temporal del transporte por el floema, con el objetivo de mejorar el cuajado de frutos, aumentar su tamaño y adelantar la maduración.

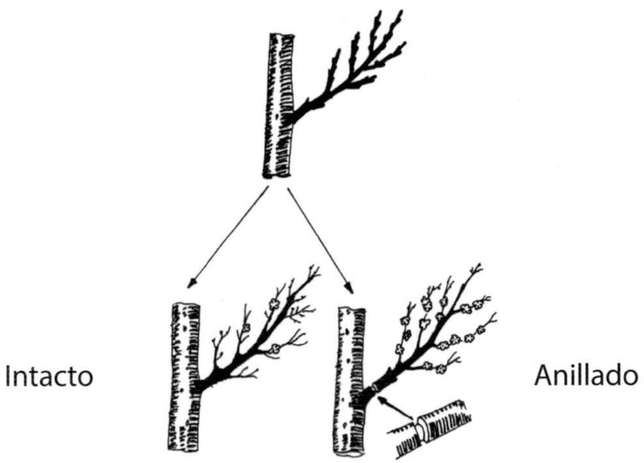

Fig. 19f. Anillado de un ramo.

Otras operaciones como el desvareto, el pinzamiento y el desyemado, que se practican durante el periodo vegetativo, completan las operaciones elementales de la poda de los árboles frutales.

La correcta ejecución de los *cortes de poda* es de gran importancia para asegurar el éxito de la operación y evitar problemas derivados de una rápida cicatrización o de desecación de las yemas. La forma de ejecutar los cortes, según el tamaño del ramo, se presenta en la Fig. 20.

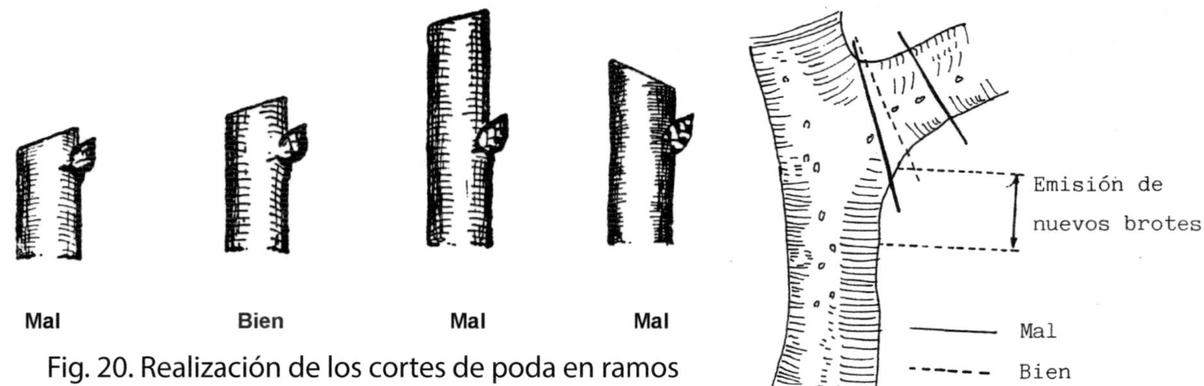

Fig. 20. Realización de los cortes de poda en ramos de un año (izquierda) y en ramas gruesas (derecha).

Bibliografía

Cambra, M., Cambra, R. 1983. *Diseños de plantación y formación de árboles frutales*. E.E. de Aula Dei. Zaragoza.

Definir o responder a las siguientes cuestiones

- Desvareto.

- Pinzamiento.

- Desyemado.

- ¿Qué ventajas o inconvenientes presentan los ramos anticipados en la poda de formación?

- En qué época puede realizarse la poda. Enumerar las operaciones a efectuar en cada época.

Realización

La práctica consistirá en la realización de la poda de formación de los sistemas disponibles tutorada por un profesor. Al final de la práctica el alumno cumplimentará los datos siguientes:

Sistema de formación:

Especie:

Variedad/patrón:

Año de formación:

Aspecto del árbol antes de la poda:
(nº de pisos formados, vigor, estado sanitario, abundancia de chupones, etc.)

Acciones ejecutadas:
(describir la poda que se haya realizado)

Discusión

(Realizar los comentarios oportunos sobre la poda realizada, como la facilidad o dificultad de la misma, tiempo empleado, etc. y compararlo con otros sistemas)

Poda de fructificación

Introducción

La poda de fructificación es aquella que se realiza una vez que el árbol ha alcanzado su tamaño definitivo, y tiene por finalidad asegurar un equilibrio entre el crecimiento vegetativo y la fructificación para obtener fruta de calidad.

Los criterios y objetivos de este tipo de poda son variables con la especie y variedad, pero, en general, pueden sintetizarse en los siguientes:

Adecuar la cantidad de fruto a las posibilidades del árbol

Por lo general existe una relación inversa entre cantidad de frutos producida por el árbol y la calidad de la cosecha, determinada por el tamaño del fruto y su coloración. Mediante la poda de fructificación se trata de disminuir, prematuramente, la cantidad de frutos que pueda producir el árbol y modificar el cociente nº hojas/nº frutos. Para ello se eliminan órganos fructíferos del árbol, mediante aclareo o rebaje de ramos, en proporción variable según la especie y la variedad. El valor óptimo de ese cociente es difícil conseguir pues depende de muchos factores, entre los que se encuentran la especie, la variedad, el tamaño del fruto y el de la hoja.

Acercarse al valor óptimo del cociente nº hojas/nº frutos exclusivamente mediante la poda suele acarrear una disminución de la producción más allá de lo necesario para la obtención de una buena cosecha de calidad, pues la poda elimina también hojas y tallos además de órganos fructíferos. El complemento de esta práctica con un aclareo posterior de frutos en las especies o variedades que lo requieran se muestra eficaz para conseguir ese objetivo.

Asegurar una renovación continua de órganos fructíferos de calidad

La regularidad de una cosecha de calidad depende de la renovación de los órganos fructíferos, de su fertilidad y de la calidad de la fruta que puedan producir. Los hábitos de fructificación dependen de las especies y en algunas, como en los frutales de pepita y en los de hueso, la diversidad de órganos en los que pueden fructificar es amplia. Estas cuestiones se han tratado en la práctica de *Organografía de Especies Frutales,* y han de tenerse presente en la realización de la poda de fructificación.

Con independencia de la especie, cada variedad tiene una determinada tendencia a fructificar en determinados órganos, así como a un determinado tipo de crecimiento vegetativo. Por ejemplo, en manzano algunas variedades como 'Golden Delicious' tienden a fructificar en brindillas y presentan un predominio del eje central sobre el resto de las ramificaciones, lo que facilita mucho su formación en sistemas que recurran a un eje central; por el contrario, las variedades *spur*, como 'Starkrimson', tienden a fructificar en órganos cortos y el árbol muestra una acusada tendencia a la basitonía, lo que dificulta su formación en algunos sistemas. La mayoría de las variedades actuales de melocotonero tienden a fructificar en ramos mixtos, pero en el ciruelo la tendencia es a fructificar en ramilletes de mayo; en el almendro, hay variedades que tienden a fructificar en ramilletes de mayo y otras en chifonas o ramos mixtos, y muestran hábitos de crecimiento desde el llorón al erguido. Toda esa variabilidad está caracterizada en cada especie frutal.

La fertilidad de las flores y la calidad de la fruta producida también dependen del órgano fructífero en donde se hayan formado. En la poda, pues, hay que respetar aquellos órganos que muestren mayor fertilidad y calidad del fruto, y esto depende de la variedad. Como regla general, puede considerarse que la mayor calidad del fruto en una variedad se obtiene en el órgano fructífero más dominante, que es el que hay que considerar prioritariamente en la poda de fructificación.

De todo ello se desprende la dificultad de aportar normativas de carácter general para la realización de la poda de fructificación, pues depende de los factores considerados anteriormente. No obstante, la acción de podar se concreta en el aclareo o rebaje de los órganos fructíferos o bien en la renovación sistemática de la madera portadora de los mismos, en particular cuando aquéllos son pequeños. Estas técnicas se tratan más adelante.

Distribución regular de la producción y de la vegetación

Durante la ejecución de la poda de fructificación se pretende corregir las posibles desigualdades que se hayan producido en el árbol como consecuencia del crecimiento del año anterior, de manera que tanto la vegetación como la fructificación se distribuyan regularmente en el mismo. Se trata, en definitiva, de equilibrar el árbol y distribuir en él la producción, favoreciendo la iluminación de todas sus partes. Para ello se ha de proceder a la eliminación o renovación de ramas, considerando la tendencia de crecimiento del árbol, y al aclareo de ramos que permita una mejor iluminación de los que quedan.

El máximo volumen de copa bien iluminado se consigue en forma diferente según el sistema de formación del árbol. En las formas globosas, como en el olivo o en los agrios, hay que tratar de obtener la máxima superficie externa del árbol, pues en ella se obtendrá la fructificación, mientras que en una formación en vaso, con el centro abierto, hay que limpiar el centro para que la luz penetre en su interior. En las formas planas, la orientación de las filas en la dirección N-S y la determinación de la altura del seto en función de la anchura de la calle, permitirá obtener el máximo volumen bien iluminado.

Limitar la altura del árbol

Al practicar la poda de fructificación se pretende mantener un tamaño adecuado del árbol que permita un manejo más fácil del mismo, pero sin realizar grandes intervenciones de poda. En ningún caso es conveniente reducir el tamaño del árbol por la aplicación de podas severas, pues ello reduciría bruscamente la producción y provocaría un desequilibrio del árbol (véase la práctica de *Poda de Formación*). La eliminación de los ramos de un año, o incluso de dos años, que crecieron verticalmente en la copa del árbol, permite reducir apreciablemente su altura sin intervenciones drásticas que provoquen un desequilibrio vegetativo.

Tendencias en la poda de fructificación

La práctica de la poda de fructificación ha sufrido variaciones a lo largo del tiempo, en muchas ocasiones dictadas por la presencia o ausencia de mano de obra especializada. Así, en el pasado la tendencia normalmente estaba orientada hacia la realización de *podas cortas*, un tipo de poda donde se recurre al rebaje severo de ramos para conseguir fructificación, manteniendo la producción junto a las ramas de esqueleto. Un caso típico es la poda trigema de los frutales de pepita (Fig. 21). Algunos sistemas de formación, como la pirámide en peral, se fundamentan en este tipo de poda. La poda corta es un tipo de poda rígida, compleja, que da pocas posibilidades de renovación de ramas al limitar la cantidad de yemas latentes disponibles en las cercanías de la misma.

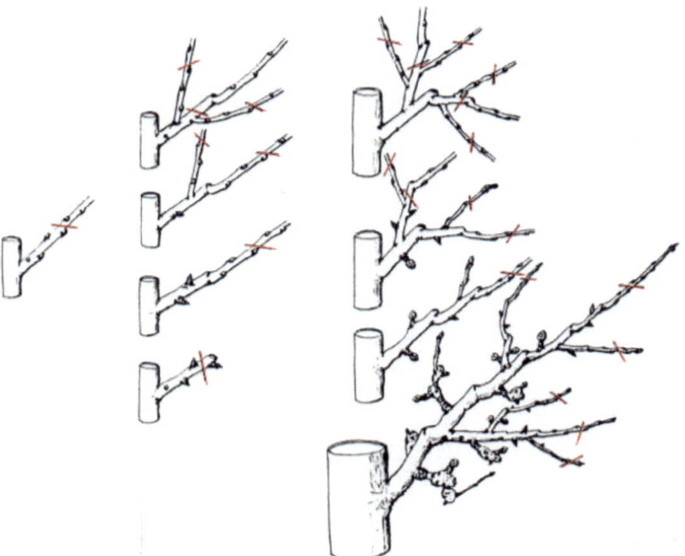

Fig. 21. Poda corta, trigema, del manzano y del peral. A la izquierda se representa un ramo de un año que se corta a tres yemas y, a continuación, las posibles observaciones al año siguiente: que broten las tres yemas, solo dos y la formación de un dardo, solo una y la formación de dos dardos, o ninguna y la formación de tres dardos, y la forma de realizar la poda. A la derecha se muestra la evolución de esos ramos y la forma de actuación (Cortesía de M. Cambra).

Desde el primer tercio del siglo XX, aproximadamente, la tendencia varió hacia la realización de *podas largas*. En este tipo de poda se recurre al aclareo de ramos, inclinaciones y arqueados en frutales de pepita y a rebajes ligeros para lograr la fructificación; en definitiva, el ramo que queda es más largo que en el caso anterior (Fig. 22). Sistemas de formación como las palmetas se fundamentan en este tipo de poda que, en general, exigen mano de obra menos especializada y presentan la posibilidad de renovación de ramas. En muchos sistemas, como el spindelbush y la palmeta Ferragutti, la renovación puede llevarse hasta el extremo de reducir el esqueleto tan solo al eje.

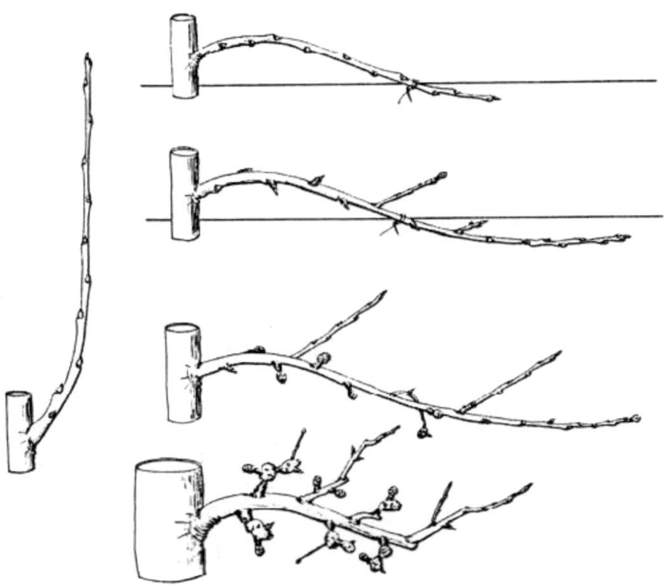

Fig. 22. Poda larga del manzano y del peral. A la izquierda se representa un ramo de un año, que se inclina y se ata a un tutor (derecha-arriba). A la derecha se recoge, de arriba hacia abajo, la evolución de ese ramo inclinado. Al cabo de varios años se practica una poda de rebaje y, posteriormente (no mostrado), una de renovación de la rama (Cortesía de M. Cambra).

La poda química, realizada por aplicación de retardantes de crecimiento, comenzó a desarrollarse a mediados del siglo XX con el objetivo de simplificar la práctica de la poda, sobre todo en plantaciones de alta densidad, pero no se ha desarrollado con éxito. En la actualidad, la tendencia es hacia la simplificación y a la mecanización, normalmente parcial, de algunas operaciones de poda, como limitar la altura de los árboles o dar forma a los setos.

En esta práctica se trata de familiarizar al alumno con los criterios a seguir en la práctica de la poda de fructificación en función de la especie y del sistema de formación.

Metodología

En el momento de ejecución de la poda de fructificación se han de considerar todos los factores que pueden afectar a la misma y, en particular, los hábitos de crecimiento y fructifícación de especies y variedades. Resultaría, por consiguiente, exhaustiva una descripción pormenorizada de la poda de fructificación en todas las especies frutales. No obstante, de la consideración de los criterios expuestos anteriormente y atendiendo a los órganos vegetativos o fructíferos individualmente, pueden extraerse las siguientes normas generales:

- *En órganos largos que fructifican una sola vez:*

    + Eliminación del órgano y búsqueda de sustitución.
    + Complemento con aclareo o rebaje de los que quedan para mejorar la calidad del fruto.

El ejemplo típico es la poda del ramo mixto en melocotonero (Fig. 23), donde se persigue eliminar el ramo que portaba los frutos y sustituirlo por otro desarrollado contemporáneamente con los frutos y situado en el mismo lugar o en las cercanías del eliminado. Si no se hubiera desarrollado ese ramo, se provoca, por el corte, la brotación de una yema latente de la que se desarrollaría el ramo para la campaña siguiente. En el olivo, que fructifica también en ramos de un año, suele renovarse la madera portadora como se indica en el apartado siguiente.

- *En órganos cortos que fructifican varias veces:*

    + Ninguna intervención sobre el órgano.
    + Renovación o rebaje de la madera portadora.

Es el caso típico de los órganos *spur* de los frutales de hueso y de pepita (Fig. 24). La rama fructífera, portadora de esos órganos cortos, se deja intacta durante varios años, dependiendo de la tendencia de fructificación de cada variedad. Cuando envejece, se aplican podas de renovación de la rama y se busca una sustitución en forma similar a la comentada en el punto anterior.

- *En órganos vegetativos:*

    + Aclareo o rebaje.
    + Forzarlos a la producción de órganos fructíferos mediante inclinaciones, arqueados, anillados, etc.

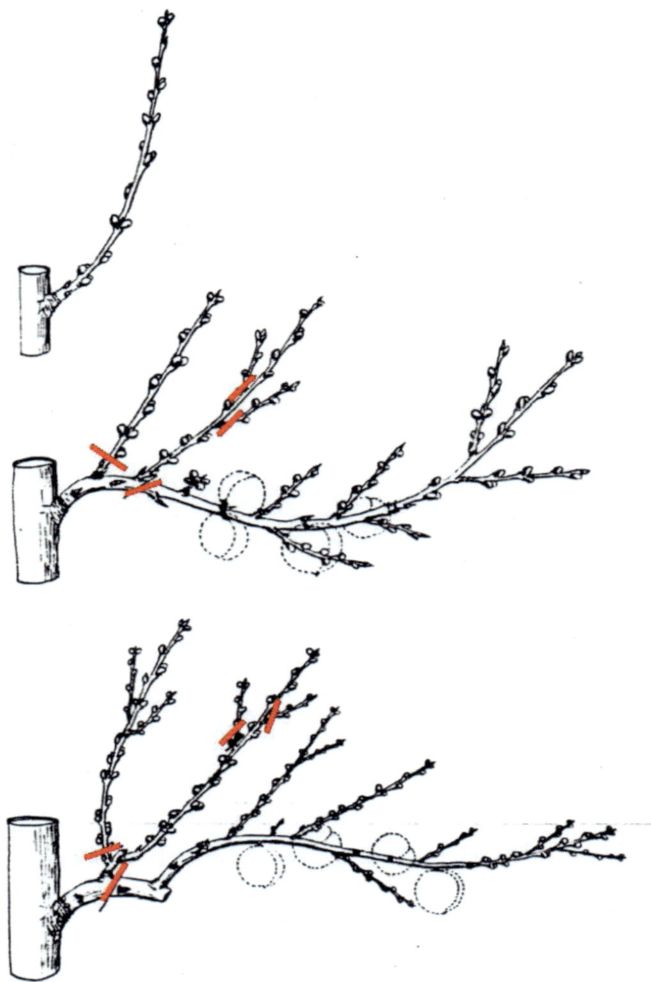

Fig. 23. Poda del ramo mixto en melocotonero. Arriba se representa el ramo de un año, abajo la evolución de ese ramo al año siguiente, donde se aprecia que fructificó y emitió nuevos ramos. La poda consiste en eliminar el ramo ya fructificado y de los dos basales elegir el más vigoroso, eliminándole los anticipados, y al otro rebajarlo a dos yemas para que emita ramos al año siguiente en ese mismo punto. En el último dibujo se representa la evolución del ramo anterior y la práctica de la misma poda (Cortesía de M. Cambra).

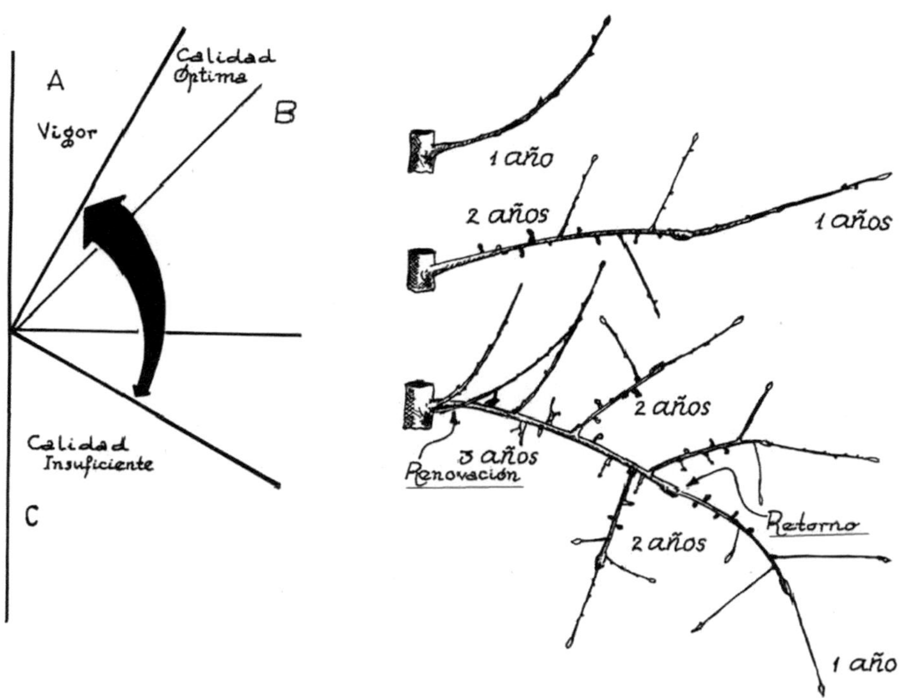

Fig. 24. Poda de retorno y renovación de una rama portadora de órganos fructíferos. En la parte izquierda se representa esquemáticamente la relación entre el vigor y la fructificación de un ramo de manzano en función de su inclinación respecto a la vertical. Cuando el ramo se encuentra en la zona A, muy próximo a la vertical, hay una predominancia clara del vigor. En la zona B, la relación vigor-fructificación se encuentra en equilibrio, y los ramos situados en esa posición se encuentran en condiciones buenas para la fructificación de calidad. Los ramos situados en la zona C se encuentran en una posición desfavorable para producir fruta de calidad, por lo que a esos ramos deben practicarse podas de retorno sobre la rama portadora, como se indica en el gráfico de la derecha. Cuando la rama envejece, se renueva por completo y se sustituye por un ramo que haya brotado en la base. Estas relaciones entre el vigor y la fructificación son aplicables también a otras especies frutales (Lespinasse y Delort, 1986).

Bibliografía

Lespinasse, J.M. y Delort, J.F. 1986. Apple tree management in vertical axis: Appraisal after ten years of experiments. *Acta Horticulturae*,160: 139-155.

Responder las siguientes cuestiones

- ¿Qué posibilidades y qué problemática ve para el desarrollo de la poda química?

- Qué opinión le merece la idea de la mecanización de la poda.

Realización

La práctica constará de las siguientes sesiones:

Primera sesión: Se organizarán grupos de alumnos que, acompañados de un tutor, rotarán por los diferentes sistemas de formación disponibles en donde se les introducirá en la práctica de la poda de fructificación de cada sistema.

Segunda sesión: Poda por el alumno de una forma en volumen y de una forma plana. Al final de la práctica el alumno cumplimentará los datos siguientes:

Sistema de formación:

Especie:

Variedad/patrón:

Aspecto del árbol antes de la poda:
(formación, equilibrio vegetativo y fructífero, altura, envejecimiento, etc.)

Acciones ejecutadas:
(describir la poda que se haya realizado)

Discusión

(Realizar los comentarios oportunos sobre la poda realizada)

Sistema de formación:

Especie:

Variedad/patrón:

Aspecto del árbol antes de la poda:
(formación, equilibrio vegetativo y fructífero, altura, envejecimiento, etc.)

Acciones ejecutadas:
(describir la poda que se haya realizado)

Discusión

(Realizar los comentarios oportunos sobre la poda realizada)

Aclareo de frutos

Introducción

Es bien conocido que si se reduce el número de frutos de un árbol, los que permanecen en él hasta la maduración alcanzan un tamaño mayor del que alcanzarían si todos permanecieran en el árbol. Por esto, el aclareo de frutos es una práctica usual en muchas especies frutales, y consiste en eliminar frutos en un estado temprano de su desarrollo para aumentar el tamaño y la calidad de los que quedan. La regulación del mercado obliga también a esa práctica, pues existen en muchos cultivos un tamaño mínimo del fruto comercializable, lo que obliga a los fruticultores a regular la cosecha para obtener la máxima cosecha que puedan introducir en el mercado. Para ello, hay que complementar dos técnicas culturales: la poda de fructificación y el aclareo posterior de frutos.

Además del efecto directo sobre el tamaño del fruto, el aclareo mejora el color y la calidad de los mismos al aumentar la relación hoja:fruto; acelera el proceso de maduración, obteniéndose frutos más precoces; reduce las roturas de ramas por excesos de cosecha; y palia la vecería al eliminar embriones jóvenes en desarrollo, que inhiben la inducción floral.

No todos los cultivos requieren del aclareo de frutos para aumentar la cosecha comercializable. El manzano, el melocotonero, el albaricoquero, el peral y el ciruelo, entre otros, necesitan normalmente ser aclarados, mientras que los frutos secos, como el nogal y el almendro, no requieren aclareo pues el tamaño de la semilla no se altera sustancialmente por esa práctica, y la industria acepta semillas de diversos tamaños.

Factores que afectan al tamaño del fruto en recolección

La mayoría de las técnicas de cultivo pueden afectar al tamaño final del fruto, pero, en lo que se refiere a su población en el árbol, son la intensidad del aclareo y la época en la que se practica los dos factores que afectan al tamaño del fruto en recolección (Fernández-Escobar *et al.*,1978).

Ajustar la intensidad óptima de aclareo es una cuestión de práctica y de conocimiento de la plantación frutal. Para conseguir los efectos buscados con el aclareo de frutos es necesario reducir la producción, pero no a un nivel que sea ruinoso. En general, se requieren de 20 a 40 hojas por fruto para encontrar un equilibrio entre producción y tamaño del fruto, pero puede subir hasta 75 hojas por fruto en algunos cultivares de melocotonero para obtener una cosecha comercializable. El complemento del aclareo con la poda de fructificación en invierno, como se ha comentado, es esencial para encontrar el equilibrio entre el calibre y la producción.

Cuanto más precoz sea el aclareo, mayor tamaño se conseguirá en recolección; el aclareo de flores, pues, es más efectivo que un aclareo posterior de frutos jóvenes. El principal inconveniente para su práctica es que se corre el riesgo de que una helada, por ejemplo, aunque no sea muy intensa cause un aclareo suplementario de frutos que reduzca excesivamente el cuajado final. En cualquier caso, es conveniente practicar el aclareo dentro del período de división celular del fruto, que suele finalizar entre 4 y 9 semanas después de antesis según la especie frutal, pues de esa forma se incentiva la formación de un mayor número de células en el fruto que favorecerá un incremento de tamaño. El aclareo más tardío estimula la expansión celular y resulta menos efectivo para aumentar el tamaño final del fruto.

Métodos de aclareo

Hay tres métodos para realizar el aclareo de frutos: manual, mecánico y químico. El *aclareo manual* consiste en regular la población de frutos en el árbol derribándolos con los dedos y espaciando los que quedan a distancias comprendidas entre 10 y 15 cm en las especies de fruto pequeño, como el albaricoquero y el ciruelo, y hasta 20 y 30 cm en especies con fruto grande, como el melocotonero. Es preferible, no obstante, realizar un aclareo por tamaño, eliminando preferentemente los frutos más pequeños, pero espaciando los restantes para permitir su desarrollo sin interferencias de otros. El aclareo manual consume una elevada cantidad de mano de obra, pero sigue siendo el habitual en algunos cultivos, como el melocotonero.

El *aclareo mecánico* es una alternativa al manual, apenas practicado por sus inconvenientes. Se usan los mismos vibradores de troncos empleados para la recolección mecánica, aplicando una sola vibración de 6 a 7 segundos como máximo para no forzar una caída excesiva. El inconveniente es que derriba los frutos mayores y los de las zonas más consistentes del árbol, dejando los frutos pequeños y con una distribución irregular. También se están utilizando diversos tipos de vareadores, bien manuales o acoplados al tractor (Martin-Gorriz *et al.*, 2011), para realizar un aclareo parcial de flores o frutos, pues normalmente exige un repaso manual posterior.

El *aclareo químico* reduce algunos inconvenientes de los métodos anteriores, pues realiza un aclareo selectivo, eliminando frutos pequeños, y es de menor coste que el manual. Pero presenta algunos efectos secundarios como daños en el follaje, sobreaclareo en algunos casos, en particular si se produce una helada después del tratamiento, y produce resultados variables en árboles de distinta edad y vigor y en zonas diferentes. La experimentación previa, pues, se hace necesaria antes de realizar un aclareo químico por primera vez.

El aclareo químico se aplica generalmente en el manzano y en algunas variedades de peral, pero no se utiliza en otras especies frutales por la irregularidad de los resultados. Entre los productos aclarantes los hay de diferente modo de acción. Se han utilizado, aunque actualmente algunos no están autorizados, el dinitro-orto-cresol (DNOC), que destruye partes de la flor e impide la polinización; el ácido naftalenacético (ANA) y la naftalenacetamida (ANAm), que son auxinas sintéticas e interfieren el transporte por el floema de hormonas y productos de la fotosíntesis; el carbaril, que es un insecticida, parece acumularse en los haces vasculares del fruto impidiendo el transporte de componentes del crecimiento; y los liberadores de etileno, que estimulan el proceso de abscisión (Williams, 1979).

El objetivo de esta práctica es familiarizar al alumno con las técnicas aplicadas para mejorar el tamaño del fruto en recolección, en particular el aclareo de frutos, y en la observación del desarrollo del fruto en especies frutales.

Metodología

Se utilizarán árboles de variedades precoces de melocotonero, con el objetivo de finalizar la toma de datos dentro del período lectivo. En cada árbol se dejará una rama testigo sin aclarar, y en el resto se realizará un aclareo manual 30 días después de plena floración. Se practicará un aclareo por tamaño, derribando los frutos más pequeños y los defectuosos, y espaciando los restantes unos 20 cm en el ramo mixto. En ese momento se determinará la relación hoja:fruto en 10 ramos mixtos de la rama testigo y en otros 10 ramos mixtos de las ramas aclaradas.

Una semana antes de la realización del aclareo, en el momento del aclareo y, semanalmente, a partir del estado fenológico I, se recogerá 1 fruto por ramo mixto en 5 ramos mixtos de la rama testigo y en otros 5 ramos mixtos de las ramas aclaradas, en los que se determinará, para cada tratamiento, lo siguiente:

- Peso del fruto.
- Diámetro transversal máximo.
- Diámetro del endocarpo (tras realizar un corte longitudinal del fruto).

Con los datos así obtenidos, se elaborarán gráficos que muestren la evolución del desarrollo del fruto en ramas aclaradas y sin aclarar.

El día de finalización de la toma de datos (que será próximo o coincidirá con el de recolección) se determinará, de nuevo, la relación hoja:fruto así como el índice de madurez en las ramas testigo y en las aclaradas; para ello, cada fruto se incluirá en una categoría siguiendo una escala del 0 (color verde, mostrando inmadurez) al 4 (color propio de maduración de la variedad). El índice de madurez (IM) se calcula como el sumatorio de los productos del número de frutos de cada categoría (n_i) por el valor numérico de la categoría (i), dividido por el número total de frutos ($\sum n_i$):

$$IM = \frac{\sum n_i \, i}{\sum n_i}$$

Bibliografía

Fernández-Escobar, R., Navarro, J. y Rallo, L. 1978. Influencia de la época de aclareo en la producción y calidad del fruto de tres variedades precoces de melocotonero. *ITEA,* 33: 35-46.
Martin-Gorriz, B., Torregrosa, A. y García Brunton, J. 2011. Feasibility of peach bloom thinning with hand-held mechanical devices. *Scientia Horticulturae*, 129: 91-97.
Williams, M.W. 1979. Chemical thinning of apples. *Horticultural Reviews,* 1: 270-300.

Definir o responder las siguientes cuestiones

- En qué principio se fundamenta el que pueda predecirse el tamaño del fruto en recolección.

- Indicar los factores que pueden afectar al aclareo químico de frutos.

- Como mejora un agente mojante la penetración de un producto químico a través de la hoja.

Realización

Cada alumno realizará la práctica sobre una variedad, que se le asignará, y deberá completar los cuadros y gráficos que se muestran a continuación, así como discutir los resultados obtenidos.

Especie: **Variedad:**

	Relación Hoja:Fruto en ramas testigo y aclaradas		Índice de madurez
	Día del aclareo	*Día de recolección*	*IM*
Rama testigo			
Rama aclarada			

Evolución del peso medio del fruto

Evolución del peso del fruto en ramas testigo y en ramas aclaradas

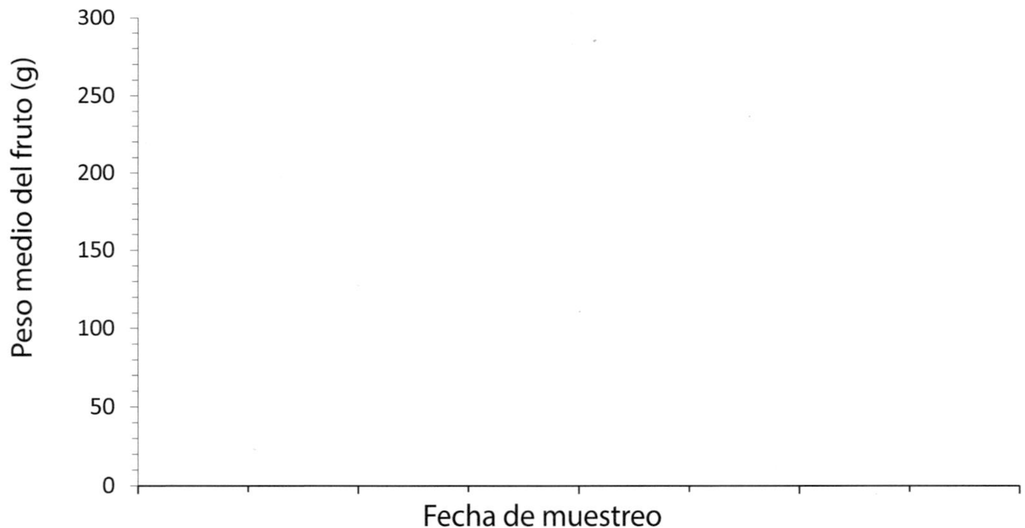

Evolución del desarrollo del fruto

Evolución del diámetro del fruto y del endocarpo en ramas testigo

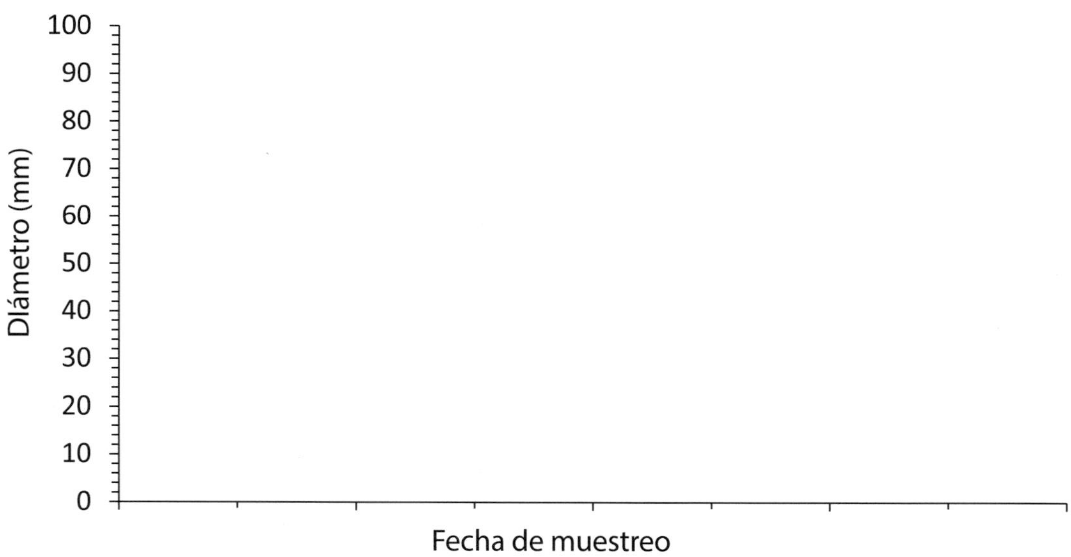

Evolución del diámetro del fruto y del endocarpo en ramas aclaradas

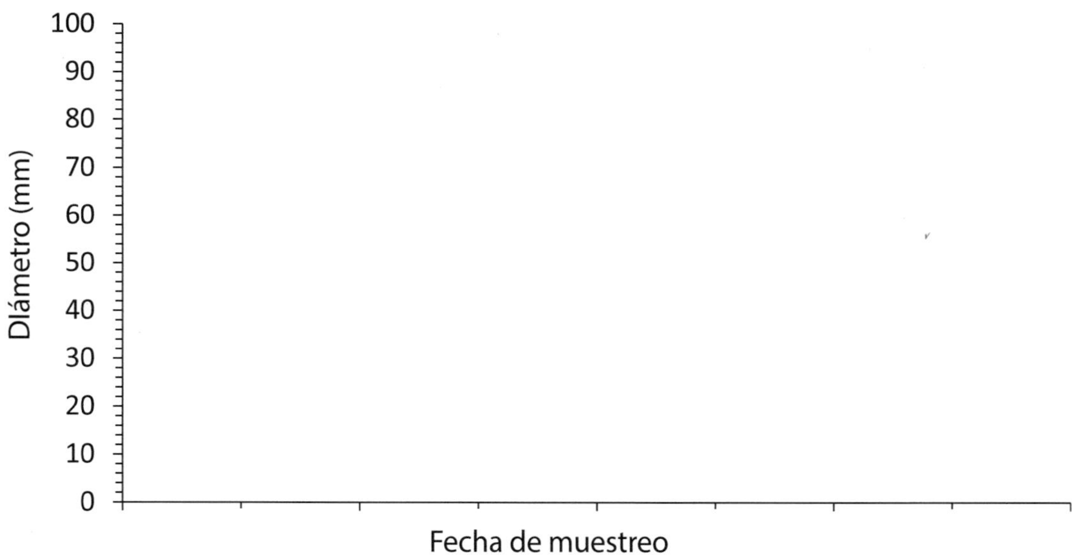

Discusión de los resultados

Planificacion y diseño de una plantacion frutal

Introducción

El diseño de cualquier estructura de producción no puede ser fruto de la improvisación o ligereza en su realización si se pretende un funcionamiento racional y productivo durante un determinado período de tiempo. La planificación de una plantación frutal no queda al margen de estas consideraciones pues, además, se encuentra afectada de algunas particularidades que obligan a insistir con mayor intensidad en el estudio de los factores que la afectan, o en las posibles alternativas susceptibles de abordarse. Los elevados costes de instalación, especialmente en plantaciones intensivas; la lenta entrada en producción y la larga duración de las plantaciones; las características de los productos obtenidos, generalmente frutos perecederos; y las exigencias del mercado, susceptibles a cambios por la aparición de nuevas variedades, representan algunos aspectos particulares de las plantaciones leñosas que obligan a considerar con detenimiento el estudio de su planificación, en donde cualquier imprevisión o negligencia, frecuentemente irreparable o, en su caso, muy costosa, puede acarrear funestas consecuencias.

Los parámetros y métodos que se emplean para determinar la respuesta de la planta a factores de medio distan mucho de ser exactos, en particular debido a la complejidad de las relaciones entre clima, suelo y planta, que no permite una cuantificación sencilla a efectos de planificación. La experimentación a nivel regional y comarcal sigue siendo el método empírico imprescindible a la hora de poder dar orientaciones al agricultor. Sin embargo, en ausencia de una experiencia de cultivo, la consideración de los factores limitantes o condicionantes de una plantación frutal puede ser de utilidad. Todo ello se trata con detalle en Fernández-Escobar (2019), cuya consulta resulta imprescindible para la realización de esta práctica.

En esta práctica se pretende familiarizar al alumno con aquellos factores que se han de considerar al abordar la planificación de una plantación frutal y su manejo para la obtención de soluciones óptimas.

Bibliografía

Agustí, M., Reig, C. y Mesejo, C. 2022. *Fruticultura* (3ª ed.). Ediciones Paraninfo, S.A., Madrid.

Cambra, M. y Cambra, R.1983. *Diseños de plantación y formación de árboles frutales* (7ª ed.). Estación Experimental de Aula Dei, Zaragoza.

Fernández Escobar, R. 2019. *Plantaciones frutales. Planificación y diseño* (3ª ed.). Ediciones Mundi-Prensa, Madrid.

Realización

La práctica consta de las siguientes partes:

1. *Estudio del medio de cultivo de una zona elegida por el alumno, que incluirá:*
    a) Estudio del clima
    b) Estudio del suelo
    c) Agua de riego, en su caso
    d) Posibilidades de mercado

2. *Diseño de una plantación compuesta de una o varias especies frutales, que se indicarán en cada curso académico.*
    En cada especie hay que desarrollar los puntos siguientes, planteando las alternativas y justificando la elección:
    a) Elección varietal
    b) Elección del patrón
    c) Elección del sistema de cultivo
    d) Trazado de la plantación en el plano

3. *Estudio económico de la plantación de una especie a elegir, en el que se determinará:*
    a) El coste de implantación
    b) El coste de producción de 1 kg de fruta
    c) Las necesidades de personal en la explotación

1. Estudio del medio de cultivo

a) Clima

Datos climáticos del año medio de ....

						Mes						
E	F	M	A	M	J	J	A	S	O	N	D

Temperaturas

Máxima absoluta
Máxima
Media
Mínima
Mínima absoluta

Heladas

Fecha más probable de 1ª helada:
Fecha más probable de última helada:

Horas-frío

Mota:

$X_N =$; $Y_N =$
$X_D =$; $Y_D =$
$X_E =$; $Y_E =$
$X_F =$; $Y_F =$
____

Total Y =

Weinberger:

t =   ; Y =

Otras determinaciones:

....

....

....

Estimación de la fecha de floración

Estudio del viento

Otros factores climáticos que pueden limitar la plantación

Resumen crítico sobre la adecuación al clima de la zona

b) Suelo

Propiedades generales del suelo:

Propiedad:	Profundidad (cm)		
	0-30	30-60	60-90
Arena (%)			
Limo (%)			
Arcilla (%)			
Textura			
Materia orgánica (%)			
pH			
Carbonatos totales (%)			
Caliza activa (%)			
C.I.C. (cmol(kg)			
CE (dS/m)			
PSI (%)			

Fertilidad (ppm):

P
K
Ca
Mg
Na
Fe
Cu
Mn
Zn
B

Evaluación del suelo para el cultivo.

¿Sería necesaria una labor de preparación del suelo antes de la plantación?

c) Agua de riego

CE (dS/m)
RAS
Cloro (meq/L)
Boro (meq/L)
Sodio (meq/L)
Nitratos (mg/L)
pH
Manganeso (mg/L)
Hierro (mg/L)
Ácido sulfhídrico (mg/L)

Evaluación del agua de riego. Considerar también el posible efecto en el deterioro de las instalaciones de riego.

d) Posibilidades de mercado de la fruta producida

2. Diseño de la plantación

a) Elección varietal

Especie	Variedad(es) principal(es)	Variedad(es) polinizadora(s)

Justificación (incluir fechas de floración y calendario de recolección)

b) Elección del patrón

Especie	Patrón

Justificación

c) Elección del sistema de formación

Especie	Formación en	Marco de plantación

Justificación

d) Elección del sistema de riego y de mantenimiento del suelo.

Especie	Sistema de riego	Mantenimiento del suelo

e) Trazado de la plantación en el plano

Especie	Variedad/Patrón	Superficie (ha)	Densidad (árboles/ha)

Realizar el trazado de la plantación en el plano que se adjunta con indicación de las zonas de servicio (puntos de acopio, caminos, calles de servicio), la disposición de especies y variedades, el diseño de polinización en su caso, y todos aquellos datos que puedan ser de interés para el replanteo en campo de la plantación. La superficie aproximada de la parcela es de 30 ha.

Justificación

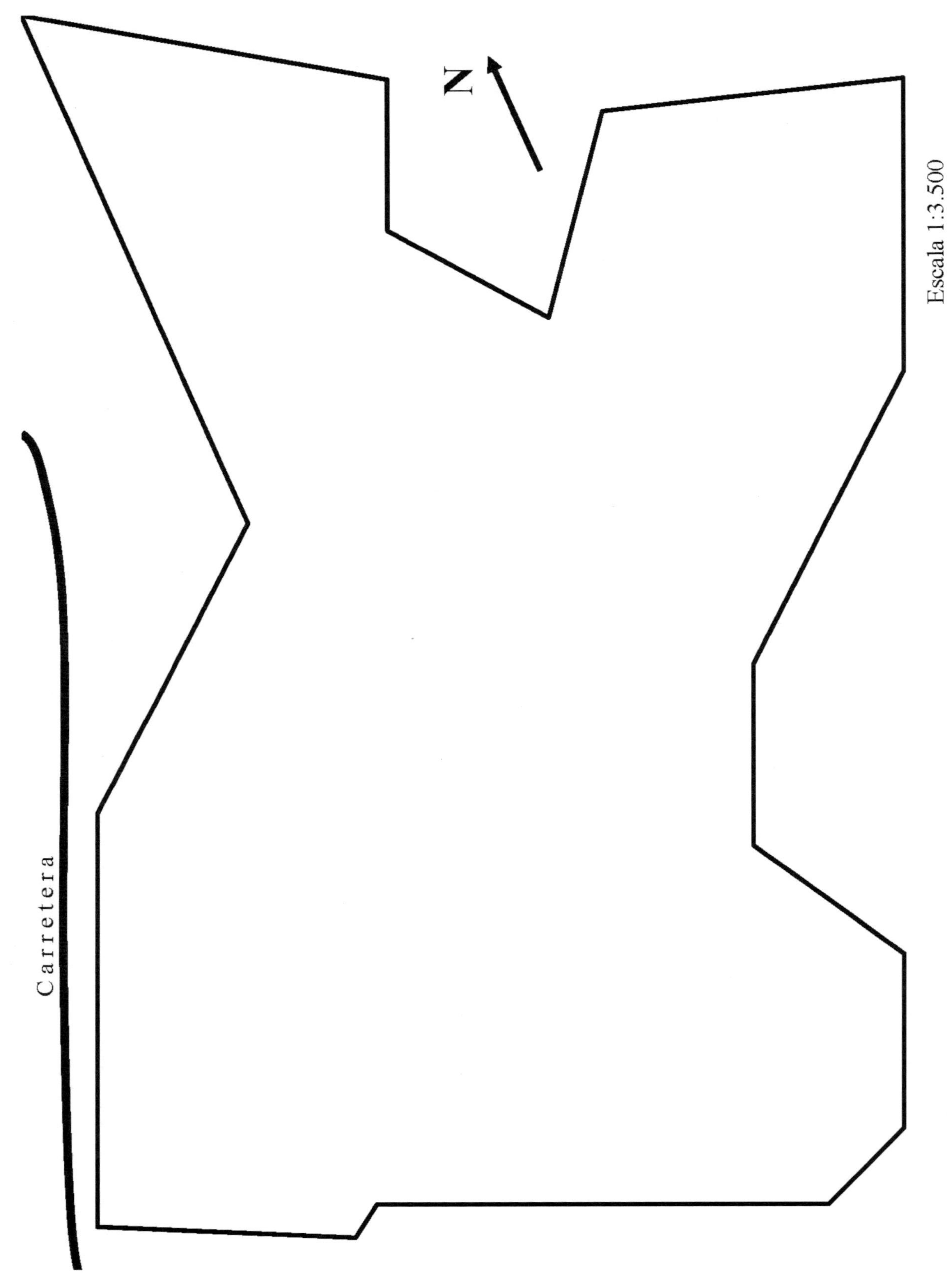
N
Carretera
Escala 1:3.500

3. Estudio económico de la plantación de la especie ....

a) Coste de implantación

Labor	Época	Rendimiento	Superficie (ha)	Jornadas	Mano de obra	Coste

Materia prima	Precio/unidad	N.º unidades	Coste

Marras e imprevistos

TOTAL COSTE IMPLANTACION ....

b) Coste de producción de 1 kg. de fruta

Indicar las operaciones de cultivo a realizar en un año normal de plena producción, estimando el coste de las mismas.

Poda

Fertilización (indicar coste análisis foliares y estimaciones de productos, dosis y épocas)

Riego (meses de riego y dosis aproximadas en m^3. ha^{-1})

Mantenimiento del suelo

Tratamientos fitosanitarios

(indicar las plagas y enfermedades más comunes, productos a utilizar, dosis y época de tratamiento)

Otras operaciones de cultivo

Recolección

Total coste por hectárea ....

Producción esperada ....

Coste de producción de 1 Kg. de fruta ....

c) Necesidades de personal

Indicar el personal necesario en la explotación en cada uno de los meses del año.

Anexo

(Para aquellos alumnos que no dispongan de análisis de suelo o de agua de riego, se adjuntan análisis de un suelo y de dos aguas de riego diferentes que pueden ser utilizados para la realización de la práctica)

Análisis de suelo

	Profundidad	
	10-40 cm	40-70 cm
Arena (%)	28	31
Limo (%)	47	45
Arcilla (%)	25	24
Materia orgánica (%)	0,9	0,7
pH	8,4	8,4
Carbonatos totales (%)	29,1	29,6
Caliza activa (%)	7,3	6,9
C.I.C. (cmol(kg)	20,8	20,0
CE (dS/m)	0,2	0,2
PSI (%)	5,3	6,3

Fertilidad (ppm):

	10-40 cm	40-70 cm
Fósforo (Olsen)	12,0	6,9
Potasio	236	192,5
Calcio	3.204	3.079
Magnesio	385	376,7
Sodio	252	306,4
Hierro (DTPA)	18,1	17,8
Cobre (DTPA)	2,2	1,9
Manganeso (DTPA)	9,7	6,6
Zinc (ClH)	69,6	66,3
Boro (Agua caliente)	6,9	6,8

Análisis de agua de riego

Muestra n.º 1

CE (dS/m) 5,2
RAS 5,78
Cloro (meq/L) 17,62
Sodio (meq/L) 26,0
Nitratos (mg/L) 0,15
pH 7,19
Manganeso (mg/L) .... <0,02
Hierro (mg/L)...........................0,06

Muestra n.º 2

CE (dS/m) 1,34
RAS 6,72
Cloro (meq/L) 8,51
Boro (meq/L) 0,10
Sodio (meq/L) 8,43
Nitratos (mg/L) 5,84
pH 7,28
Manganeso (mg/L) 0,02
Hierro (mg/L)...........................0,05

Establecimiento del plan anual
de fertilización en una plantación frutal

Introducción

La práctica actual de la fertilización consiste, por lo general, en la reiteración de un plan preestablecido de fertilización basado en la tradición, en el testimonio de agricultores vecinos y en ausencia de métodos de diagnóstico del estado nutritivo que sirvan de guía de la fertilización.

Sin embargo, las necesidades nutritivas de los árboles pueden diferir de un lugar a otro, variar con la edad y se afectan por las prácticas de cultivo. Por ello, no tiene sentido dar recomendaciones generales de abonado o repetir un plan preestablecido de fertilización. El diagnóstico como guía para la fertilización es, pues, crucial para la realización de un abonado racional.

Durante la segunda mitad del siglo XIX y los comienzos del XX, las ideas dominantes sobre la fertilización de los cultivos se basaban en la restitución al suelo de los elementos exportados por la cosecha. Después de larga experiencia, se concluyó que el abonado de restitución no resultaba satisfactorio, pues los resultados no eran extrapolables de un lugar a otro y, además, no se consideraba el consumo de lujo de algunos elementos nutritivos ni se tenían en cuenta las reservas del árbol.

El análisis del suelo es una herramienta de gran utilidad para conocer las características del mismo, sus limitaciones para el desarrollo de los cultivos y su fertilidad potencial. Sin embargo, su utilidad como técnica de diagnóstico de las necesidades nutritivas de los árboles es limitada. La presencia de un elemento nutritivo en el suelo en cantidades adecuadas no asegura que esté disponible para las plantas, lo que justifica que en numerosos casos se observen deficiencias nutritivas en árboles que crecen en suelos ricos en un determinado elemento mineral. No obstante, el análisis del suelo debería realizarse al menos una vez, con preferencia antes de la plantación, y repetirlo en caso de presencia de iones salinos, como el Cl^-, el Na^+ y el B.

El análisis de tejidos vegetales, particularmente de la hoja, resulta en la actualidad el mejor método de diagnóstico del estado nutritivo de un cultivo. Se fundamenta en que la hoja es el principal lugar del metabolismo de la planta; en que los cambios de nutrientes se reflejan en la hoja y son más pronunciados en determinados períodos; y que la concentración de elementos minerales en las hojas se ha relacionado estrechamente con el comportamiento del cultivo. Por ello, resulta de utilidad para la identificación de desórdenes nutritivos; para detectar niveles bajos de nutrientes antes de la aparición de síntomas o de limitar el crecimiento o la producción; para medir la respuesta al abonado; y para detectar toxicidades, particularmente las provocadas por el Cl⁻, el Na⁺ y el B.

La interpretación del análisis foliar se basa en la determinación de los niveles críticos de nutrientes, que se definen como la concentración de un nutriente en la hoja por debajo de la cual la tasa de crecimiento de una planta disminuye si se compara con otras plantas que tienen concentraciones más altas. Esos niveles varían entre especies, pero no con los cambios producidos por el medio de cultivo, lo que los hace válidos con independencia del lugar o situación en que se cultiven las plantas. En el Cuadro adjunto se recogen los niveles críticos de nutrientes de diversas especies frutales.

Esta práctica tiene por objetivo familiarizar al alumno con los aspectos relacionados con la nutrición y fertilización de los árboles frutales, en base a la interpretación de los análisis foliares, al diagnóstico del estado nutritivo y a la recomendación de abonado teniendo en cuenta las características particulares de la plantación.

Metodología

Procedimiento y época de muestreo

Para que el análisis foliar sea indicativo del estado nutritivo de un cultivo, es necesario seguir unas reglas estrictas referentes al tipo de hoja que hay que recoger y a la época de muestreo. Si se toma una hoja cualquiera o en cualquier época, la interpretación de los análisis será, con seguridad, errónea, por lo que hay que hacerlo de la misma forma en la se determinaron los niveles críticos de nutrientes.

Respecto al tipo de hoja a muestrear, hay que considerar tanto la edad como la proximidad a los frutos. Una hoja joven, en expansión, es un fuerte sumidero de nutrientes y muestra resultados variables en los análisis; las hojas muy viejas no son adecuadas, pues pueden estar afectadas por cualquier adversidad, es difícil averiguar su edad para las comparaciones y, algunas, son exportadoras de nutrientes o son órganos de reserva en especies de hoja perenne. Por otra parte, la proximidad a los frutos afecta considerablemente a la composición mineral de las hojas. Por todo ello, las hojas que deben muestrearse en las especies recogidas en el Cuadro adjunto son aquéllas totalmente expandidas, de unos 3 a 5 meses de edad, procedentes de brotes sin frutos; ello sitúa el muestreo durante el mes de julio en el hemisferio norte.

Para la realización del muestreo hay que diferenciar, en primer lugar, parcelas distintas de la plantación debidas al tipo de suelo, variedades o patrones, edad de los árboles, prácticas diferentes de cultivo, etc. En cada parcela debe tomarse una muestra de entre 50 y 100 hojas de varios árboles elegidos aleatoriamente a lo largo de un recorrido por la parcela; de cada árbol se tomarán de 2 a 4 hojas de posiciones distintas, de brotes o de órganos *spurs*, según se indica en el Cuadro para cada especie. Es importante señalar que cada hoja debe tener su correspondiente peciolo, parte esencial para la determinación de nutrientes. En ningún caso se tomarán hojas de árboles atípicos, con síntomas o enfermos, salvo si se desea diagnosticar un posible problema nutritivo, en cuyo caso deben constituir una muestra distinta, pero de hojas aparentemente sanas de esos árboles, pues las sintomáticas ya han alterado su composición mineral. Una vez recogidas las hojas, se introducen en bolsas de papel, se guardan en una nevera portátil y se llevan de inmediato al laboratorio para su análisis.

Uso e interpretación de los análisis foliares

El análisis foliar resulta, en general, bueno para detectar deficiencias de elementos nutritivos y excesos de elementos salinos como el cloro, el sodio y el boro, pero es malo para el hierro, pues este elemento se acumula en hojas aún en condiciones de deficiencia. Por esto, los resultados del análisis foliar deben ser interpretados junto a los posibles síntomas visuales y a las características de la plantación.

Un buen programa de análisis foliares aporta información anticipada sobre las necesidades en la próxima campaña, al detectar niveles bajos antes de que causen un desequilibrio en el crecimiento, lo que permite elaborar un plan anual de fertilización de la plantación con tiempo suficiente. *La estrategia consiste en llevar y mantener todos los elementos nutritivos en el intervalo adecuado indicado en el Cuadro adjunto para cada especie, y tan solo aportar un elemento en forma de abono cuando se encuentre en niveles bajos o deficientes causados por la extracción de cosechas anteriores o por su baja disponibilidad en el suelo.* Hay que considerar, por consiguiente, si el elemento está deficiente por la acción de otro, en cuyo caso no sería necesario la aportación de ese elemento sino controlar la acción de interacción del otro. Interacciones bien conocidas son las del nitrógeno y fósforo, fósforo y cinc, y potasio y magnesio, entre otras.

La predicción de la cantidad requerida de un nutriente en un momento determinado no es sencilla, y depende de múltiples factores. La evaluación de las respuestas al abonado con análisis foliares continuados permitirá optimizar esa práctica a corto plazo.

Bibliografía

Benton Jones, J. 1985. Soil testing and plant analysis: Guides to the fertilization of horticultural crops. *Horticultural Reviews*, 7: 1-68.

Fernández-Escobar, R. 2017. Fertilización. En: *El cultivo del olivo* (7ª ed.). Barranco, D., Fernández-Escobar, R. y Rallo, L. (eds.). Editorial Paraninfo, Madrid.

Fernández-Escobar, R. 1999. Estrategias para un abonado racional de los árboles frutales. *Fruticultura*, 107: 8-16.

Fernández-Escobar, R. 2022. Gestión sostenible de la fertilización del olivar. *Vida Rural*, 513: 42-48.

Niveles criticos de nutrientes en hojas de especies frutales recogidas en julio

Especie	N(%)		K(%)		Ca(%)	Mg(%)	Na(%)	Cl(%)	B(ppm)			Zn(ppm)
	Deficiente	Adecuado	Deficiente	Adecuado	Adecuado	Adecuado	Exceso	Exceso	Deficiente	Adecuado	Exceso	Adecuado
Albaricoquero	< 2,0	2,5-3,0	< 2,0	> 2,5	> 2,0	-	> 0,1	> 0,2	< 15	20-70	> 90	> 16
Almendro	< 2,0	2,2-2,5	< 1,0	> 1,4	> 2,0	> 0,25	> 0,25	> 0,3	< 25	30-65	> 85	> 18
Cerezo	—	2,0-3,0	< 0,9	—	—	—	—	—	< 20	—	—	> 14
Ciruelo europeo	< 2,2	2,3-2,8	< 1,0	> 1,3	> 1,0	> 0,25	> 0,2	> 0,3	< 25	30-80	> 100	> 18
Ciruelo japonés	—	2,3-2,8	< 1,0	> 1,1	> 1,0	> 0,25	> 0,2	> 0,3	< 25	30-60	> 80	> 18
Higuera	< 1,7	2,0-2,5	< 0,7	> 1,0	> 3,0	—	—	—	—	—	> 300	—
Manzano	< 1,9	2,0-2,4	< 1,0	> 1,2	> 1,0	> 0,25	—	> 0,3	< 20	25-70	> 100	> 18
Melocotonero	< 2,3	2,4-3,3	< 1,0	> 1,2	> 1,0	> 0,25	> 0,2	> 0,3	< 18	20-80	> 100	> 20
Nogal	< 2,1	2,2-3,2	< 0,9	> 1,2	> 1,0	> 0,3	> 0,1	> 0,3	< 20	36-200	> 300	> 18
Olivo	< 1,4	1,5-2,0	< 0,4	> 0,8	> 1,0	> 0,1	> 0,2	> 0,5	< 14	19-150	> 185	—
Olivo[*]	*<1,2*	*1,3-1,7*										
Peral	< 2,2	2,3-2,8	< 0,7	> 1,0	> 1,0	> 0,25	> 0,25	> 0,3	< 15	21-70	> 80	> 18

– Niveles adecuados para todas las especies. P: 0,1-0,3 %; Cu: > 4 ppm; Mn: > 20 ppm.

– Hojas recogidas de *spurs* no fructíferos en especies que fructifican en órganos spur; totalmente expandidas de la mitad del brote en melocotonero y olivo; y foliolos terminales en nogal.

– Los niveles de K entre deficientes y adecuados se consideran "bajos" y pueden reducir el calibre del fruto en algunos años. Se recomienda la aplicación de abonos potásicos en plantaciones deficientes, y realizar pruebas en plantaciones "bajas" en potasio.

– Los excesos de Na y Cl pueden reducir el crecimiento, aunque pueden o no aparecer síntomas de toxicidad en hojas. Confirmar problemas de salinidad con análisis de suelo.

– Tabla adaptada de Beutel, Uriu and Lilleland (1983). Leaf analysis for California deciduous fruits, *En:* H.M. Reisenauer (ed.), Soil and plant tissue testing in California, University of California, Bull. 1879.

[*] Para el *olivo*, se recogen en cursiva los valores propuestos en Fernández-Escobar (2017). Valores superiores a 1,7 % han mostrado ser excesivos y afectan a varios factores, como la calidad del aceite, la tolerancia al frio, etc.

Definir o responder las siguientes cuestiones

- Nivel crítico de un nutriente.

- Dibujar la curva que refleja la relación entre la concentración de un nutriente en hoja y la producción o el crecimiento del árbol.

- Dibujar en un gráfico las tendencias en los cambios de la concentración en hojas de los principales nutrientes a lo largo del período vegetativo.

- Definir consumo de lujo e indicar qué repercusiones tiene desde el punto de vista de la nutrición.

Realización

Indicar el plan de fertilización para la campaña siguiente en las plantaciones cuyas características y resultados de los análisis foliares realizados en julio se recogen a continuación.

Ejercicio n.º 1

Resultados de los análisis foliares:

Determinaciones	Concentración	Deficiente	Bajo	Adecuado	Alto
N (%)	1,78				
P (%)	0,09				
K (%)	0,82				
Ca (%)	1,82				
Mg (%)	0,12				
Cu (ppm)	21,2				
Mn (ppm)	37,6				
Zn (ppm)	17,6				
B (ppm)	38,3				
Na (ppm)	0,04				

Características de la plantación:

Especie: Olivo, variedad 'Picual'
Edad: 20 años.
Marco de plantación: 8 x 6 m
Producción media: 17 kg/árbol
Sistema de cultivo: secano
Abonado del último año:
    15-15-15, 4 kg/árbol
    Urea foliar al 4 %
    Nitrato potásico foliar al 3,5 %

Diagnóstico del estado nutritivo:

Elementos que deben corregirse mediante abonado:

Plan de fertilización (indicar productos, dosis, época y forma de aplicación)

Ejercicio n.º 2

Resultados de los análisis foliares:

Determinaciones	Concentración	Deficiente	Bajo	Adecuado	Alto
N (%)	1,52				
P (%)	0,07				
K (%)	0,38				
Ca (%)	1,66				
Mg (%)	0,16				
Cu (ppm)	25,5				
Mn (ppm)	31,8				
Zn (ppm)	14,7				
B (ppm)	22,3				
Na (ppm)	0,05				

Características de la plantación:

Especie: Olivo, variedad 'Picual'
Edad: 80 años.
Marco de plantación: 10 x 10 m
Producción media: 50 kg/árbol
Sistema de cultivo: secano
Abonado del último año:
     Aplicación foliar a base de ácidos húmicos, aminoácidos y nitromagnesio.

Diagnóstico del estado nutritivo:

Elementos que deben corregirse mediante abonado:

Plan de fertilización (indicar productos, dosis, época y forma de aplicación)

Visita a explotaciones frutales

Introducción

Todos los factores que influyen en el crecimiento y en la producción, bien sean inherentes al material vegetal, al medio de cultivo o a las técnicas de cultivo empleadas, son, individualmente, importantes en agricultura. Pero todos ellos deben estar integrados en una explotación frutal, de manera que si un factor o una combinación de ellos no guarda un cierto equilibrio con los demás puede limitar el éxito de la explotación.

Estos conceptos se conocen desde antiguo. A mediados del siglo XIX fueron definidos por Liebig como la "ley del mínimo", de manera que la producción se ve limitada por el factor presente en cantidades relativamente más bajas. Este concepto fue perfilándose posteriormente, en particular cuando se introducen las ideas de que un factor puede estar presente a niveles bajos, óptimos o en exceso, y de que un factor puede alterar la producción en función del grado de deficiencia del mismo. Todo ello llevó al establecimiento de los niveles críticos y de equilibrio entre factores, conceptos que tienen una aplicación extendida en nutrición vegetal. Estas ideas exponen que no existe un nivel óptimo de cada nutriente, sino que éste depende del equilibrio de los demás en la planta y de la influencia de otros factores, como los ambientales. Por último, Westwood (1993) generaliza el principio de los factores limitantes incluyendo todo aquello que afecta a una explotación frutal como: *"El funcionamiento de una reacción, proceso, sistema u organización se establece al ritmo impuesto por el factor más limitante para todo el proceso, ya sea este deficiente o en exceso. Cuando se elimina la limitación principal, un nuevo factor se convierte en limitante. El nivel óptimo de un factor dado no es fijo, sino que varia con los niveles de otros factores que interaccionan".*

Los factores limitantes en una explotación frutal pueden ser numerosos, aunque no todos afectan a todas las explotaciones por igual. Las decisiones que deben tomarse antes del establecimiento de una plantación, como se ha realizado en la práctica correspondiente, se fundamentan en el estudio de los factores que pueden limitar el éxito de una explotación. Si la polinización resulta limitante en una plantación por no haber realizado una elección correcta de polinizadores, poco pueden hacer unas buenas prácticas de riego y de fertilización, por ejemplo, para evitar esa limitación.

La interacción entre factores también está ilustrada con multitud de ejemplos cotidianos. Así, el exceso del abonado mineral puede crear deficiencias en otros elementos, dando lugar a una limitación para el crecimiento o la producción de la planta. El exceso de nitrógeno, el elemento más utilizado en agricultura, puede acarrear problemas de heladas o afección de enfermedades en las plantas, a la vez que disminuir la calidad de la cosecha. Asimismo, la absorción de potasio por las plantas es estrechamente dependiente de la humedad del suelo, que puede convertirse en el factor limitante para la producción.

El agricultor, por último, puede ser un factor limitante en la explotación si no utiliza eficientemente los recursos de que dispone, desconoce los avances técnicos que le permitan optimizar la explotación, o toma por costumbre que otros tomen por él las decisiones en su explotación. Esto explica las diferencias tan notables en los resultados de explotación en plantaciones vecinas de similares características, lo que hace que se consideren a unos y otros buenos o malos agricultores.

Las visitas a explotaciones frutales, una vez que los alumnos han cursado buena parte de la asignatura, les permite el contacto directo con la realidad de la producción frutal y poder contrastar las técnicas y los conocimientos adquiridos con la práctica usual de la fruticultura. Por ello, se pretenden conseguir los siguientes objetivos concretos: 1) Conocer la realidad de la producción frutal de la región que se visite; 2) Determinar el factor más limitante o condicionante de la explotación visitada; y 3) Realizar un análisis crítico de la explotación.

Bibliografía

Fernández Escobar, R. 2019. *Plantaciones frutales. Planificación y diseño* (3ª ed.). Ediciones Mundi-Prensa, Madrid.

Westwood, M.N. 1993. *Temperate-zone pomology. Physiology and culture* (3ª ed.). Timber Press, Portland, Oregon. 523 pp.

Realización

La explotación debe considerarse en su conjunto y repasar todos los factores que puedan limitar la plantación y en qué grado, atendiendo a las explicaciones de los responsables de la misma, realizándoles las preguntas oportunas e inspeccionado la explotación durante la visita. Un listado de los factores que se han de considerar se muestra a continuación. Una vez realizada la visita se hará un análisis crítico de la explotación; para ello se detectará el factor más limitante de la misma y en qué grado, se propondrán las posibles medidas a tomar para evitar la limitación encontrada y, en su caso, se indicará cuál podría ser el próximo factor limitante una vez corregido el principal. Como norma general ha de tenerse en cuenta que si la producción de calidad obtenida es más baja que la máxima, es que existe algún factor limitante.

Por último, el análisis crítico de la explotación incluirá una discusión en la que se expresarán las propuestas de mejora, si las hubiere, en cada uno de los factores estudiados.

Nombre de la explotación: ....

Localización: ....

Superficie total: ....

Superficie dedicada a cultivos leñosos: ....

El medio de cultivo

Clima:

Horas-frío: ....

Heladas: ....

Precipitación media anual: ....

Otros factores climáticos: ....

Suelo:

Profundidad: ....

Textura: ....

Drenaje: ....

Salinidad: ....

Caliza: ....

Fertilidad: ....

Agentes patógenos del suelo: ....

Agua de riego:

....

....

Topografía:

Material vegetal

Especies leñosas cultivadas (superficie dedicada a cada una y el destino de la producción)

Variedades y patrones (superficie dedicada a cada variedad y la edad de los árboles)

Polinizadores (indicar, en su caso, proporción y diseño de polinización)

Calendario de recolección:

Diseño de la plantación

Labores preparatorias realizadas:

Tipo de plantación (estándar, en curvas de nivel, etc.)

Marcos de plantación:

Orientación de las filas de árboles:

Diseño de caminos y calles de servicio:

Formación de los árboles:

Técnicas de cultivo

Poda (indicar periodicidad, época, si es manual, mecánica o química y jornales empleados)

Aclareo de frutos (método, época, intensidad, producto, dosis)

Mantenimiento del suelo (sistema, nº de pases o dosis de herbicidas y época, etc.)

Fertilización (criterio, productos, dosis, época, forma de aplicación)

Riego (sistema, aportaciones de agua –por árbol, por ha–, manejo del sistema)

Tratamientos fitosanitarios (plagas y enfermedades más comunes, criterios, productos, dosis, época)

Recolección (criterio, método, organización, nº de pasadas, jornales)

Posrecolección (indicar el manejo de la fruta una vez recogida del campo)

Otras operaciones de cultivo:

Economía

Producciones medias obtenidas:

Costes de producción:

Medios disponibles en la explotación

Medios materiales (infraestructura, maquinaria, etc.)

Medios humanos:

Personal fijo:

Personal eventual:

Análisis crítico de la explotación

Factor más limitante y modo de corregirlo:

Factor más limitante si se corrigiera el anterior:

Discusión de los resultados
(propuesta de mejora de los factores estudiados)